高含硫气田采气工边学边练

王红宾 著

图书在版编目(CIP)数据

高含硫气田采气工边学边练 / 王红宾著.— 北京 :
中国石化出版社, 2020. 5
ISBN 978-7-5114-5745-5

Ⅰ. ①高… Ⅱ. ①王… Ⅲ. ①高含硫原油-气田-采气 Ⅳ. ①TE37

中国版本图书馆 CIP 数据核字(2020)第 056257 号

中国石化出版社出版发行
地址:北京市东城区安定门外大街 58 号
邮编:100011 电话:(010)57512500
发行部电话:(010)57512575
http://www. sinopec-press. com
E-mail:press@ sinopec. com
北京富泰印刷有限责任公司印刷
全国各地新华书店经销
*
710×1000 毫米 16 开本 13. 25 印张 221 千字
2020 年 5 月第 1 版 2020 年 5 月第 1 次印刷
定价:78. 00 元

前　　言

普光气田是我国已发现的最大规模海相整装高含硫气田，气田的安全开发生产在我国尚属首例，国内没有成熟的生产经验可以借鉴。在天然气生产中，采气岗位操作人员遇到了从地下到地面设备、仪表、自控、计量等各类生产故障。该操作手册收集的典型案例主要来自普光气田普光采气区和大湾采气区生产中发生的真实案例，处理方法来自当时技术人员及现场操作人员的真实操作，该类故障已在广大技术人员和岗位操作人员共同努力下得到解决。为了减少同类故障的发生，现将遇到的各类生产故障处理方法进行总结回顾，并对相关知识进行延伸学习，进一步优化故障处理的方式、方法，形成一套全新技能的学习方法，以提高岗位操作人员处理同类故障的能力，为普光及相关气田的安、稳、长、满、优的运行提供有力保障。

由于作者水平有限，书中难免出现不妥之处，恳请大家在使用过程中多提供宝贵意见，为进一步完善、修订提供借鉴。

目　　录

采气树闸阀故障处理 …………………………………………………………（1）

笼套式节流阀内漏故障处理 ……………………………………………（3）

地面安全阀触动器密封圈损坏故障处理 ………………………………（5）

地面安全阀液压供给回路无法建压故障处理…………………………（7）

地面、井下安全阀异常关闭故障处理 …………………………………（9）

地面安全阀异常关闭故障处理 …………………………………………（11）

高低压限压阀根部阀丝杆渗漏故障处理 ………………………………（13）

地面安全阀蓄能器密封圈损坏故障处理 ………………………………（15）

井口控制柜手动打压泵失效故障处理 …………………………………（17）

D401 井口控制柜先导压力降低故障处理 ……………………………（19）

D403 加热炉 ESDV 无法打开故障处理 ………………………………（21）

D402 加热炉熄火故障处理………………………………………………（23）

过站 ESDV 关断故障处理 ………………………………………………（25）

一级节流后压力表、压力变送器堵塞故障处理…………………………（27）

加热炉遭雷击熄火故障处理 ……………………………………………………（29）
压力表接头渗漏故障处理 ………………………………………………………（31）
加热炉关断故障处理 ……………………………………………………………（33）
普光 202-1 井三级关断处理 ……………………………………………………（35）
流量计五阀组解堵处理 …………………………………………………………（37）
高低压限位阀自动泄压故障处理 ………………………………………………（39）
D404-2H 井压力变送器根部阀阀芯蹦出故障处理 ……………………………（41）
上海神开笼套式节流阀轴承压盖渗漏故障处理…………………………………（43）
井口安全控制系统频繁补压故障处理 …………………………………………（45）
D405 加热炉温控阀漏气故障处理 ………………………………………………（47）
加热炉节流阀内漏故障处理 ……………………………………………………（49）
加热炉进口压力变送器堵塞故障处理 …………………………………………（51）
井口压力变送器解堵引发地面安全阀关闭故障处理 …………………………（53）
加热炉 ESDV 阀关无法启动故障处理 …………………………………………（55）
D405 加热炉 ESDV 阀关无法启动故障处理 ……………………………………（57）
加热炉 ESDV 阀打不开故障处理 ………………………………………………（59）
加热炉通信故障处理 ……………………………………………………………（61）
ESDV 关闭显示状态不明故障处理 ……………………………………………（63）
D402 集气站三级泄压关断故障处理 ……………………………………………（65）
普光 301-2 井关断故障处理 ……………………………………………………（67）

UPS 上电导致阀室通信中断故障处理 …… (69)
超声波流量计无显示故障处理 …… (71)
硫化氢探头故障处理 …… (73)
火炬区硫化氢探头误报故障处理 …… (75)
可燃气体探头表头报警故障处理 …… (77)
感烟探头故障处理 …… (79)
普光 302-1 井油压异常 …… (81)
压力变送器解堵憋压关断 …… (83)
刷漆关阀导致 3#生产线憋压关断 …… (85)
高压气窜入气提塔来水低压管线 …… (87)
燃料气管线压力升高 …… (89)
更换 4#线电阻探针硫化氢泄漏事件 …… (91)
高级孔板阀上压盖密封圈刺漏 …… (93)
节流阀力矩跳断故障 …… (95)
加热炉节流阀开度不准确 …… (97)
P105-1 井加热炉 ESDV 阀关闭故障 …… (99)
火炬长明灯熄火报警故障 …… (101)
浮筒式液位计堵塞 …… (103)
阀门状态导致误操作引发关断 …… (105)
自控系统误操作导致关断 …… (107)

站外人员误操作导致关断 …………………………………………………………（109）

检修设备误操作导致关断 …………………………………………………………（111）

系统不完善误操作导致关断 ………………………………………………………（113）

去计量汇管 XV 关阀阀位状态不明 …………………………………………………（115）

井口 BDV 阀自动打开……………………………………………………………（117）

节流阀堵塞导致关断 ………………………………………………………………（119）

集气总站 3#线切换流程憋压故障 …………………………………………………（121）

集气总站涡轮流量计堵塞故障 ……………………………………………………（123）

普光 101 集气站 3#加热炉有异响故障 ……………………………………………（125）

大湾 401 集气站燃料气分配撬块流量计故障……………………………………（127）

普光 102 集气站 3#加热炉无法启动故障…………………………………………（129）

毛坝 503 集气站燃料气分配撬块流量计故障……………………………………（131）

普光 301 集气站 2#加热炉生产 XV 故障 …………………………………………（133）

普光 203 集气站加热炉无法启动故障 ……………………………………………（135）

普光 9#阀室 1#UPS 主机故障………………………………………………………（137）

普光 201 集气站 4#加热炉 PLC 故障 ……………………………………………（139）

普光 106 集气站井口控制柜通信故障 ……………………………………………（142）

普光 25#阀室 2#UPS 主机异常故障 ………………………………………………（144）

普光 3#阀室 3 号线 BV 压力故障 …………………………………………………（146）

普光 203 集气站加热炉无法启动故障 ……………………………………………（148）

普光 204 集气站 UPS 系统故障 …………………………………………………………（150）

计量分离器气相流量计无通信故障 ………………………………………………………（152）

普光 303 集气站温控阀无法打开故障 ……………………………………………………（154）

普光 102 集气站 2#加热炉无法启动故障…………………………………………………（156）

大湾 403 集气站视频故障 ………………………………………………………………（158）

普光 101 集气站井口区视频故障 …………………………………………………………（160）

高低压限压阀密封圈损坏故障 …………………………………………………………（162）

D402-2H 井高低压限压阀水合物堵塞 ……………………………………………（164）

M501-1H 井采气树阀门水合物堵塞 ………………………………………………（166）

M503-2H 井 7#阀门丝杆渗漏故障 …………………………………………………（168）

井口 BDV 自动起跳故障…………………………………………………………………（170）

D402-2H 分酸分离器排酸管线刺漏……………………………………………………（172）

分酸分离器埋地管线刺漏 ………………………………………………………………（174）

计量分离器背压阀引压管线脱落 ………………………………………………………（176）

外输 BDV 意外起跳故障…………………………………………………………………（178）

酸液缓冲罐污水装车气体泄漏 …………………………………………………………（180）

节流阀上游压力过大故障 ………………………………………………………………（182）

节流阀无法远程开关故障 ………………………………………………………………（184）

分酸分离器前后压差过大故障 …………………………………………………………（186）

收球筒旁通球阀堵塞故障 ………………………………………………………………（188）

站场流程切换憋压关断 …………………………………………………………………（190）
大湾402-3#加热炉自动停炉故障…………………………………………………………（192）
大湾404集气站火炬点火系统故障 ………………………………………………………（194）
大湾1#阀室压力传感器渗漏故障…………………………………………………………（196）
大湾403集气站1#加热炉熄火故障 ………………………………………………………（198）
M5023站“12.18”异常关断 ………………………………………………………………（200）

采气树闸阀故障处理

典型案例

2011 年 3 月 24 日，活动 M502-1 井采气树阀门过程中发现 $7^{\#}$闸阀内漏，$1^{\#}$、$3^{\#}$闸阀无法打开，$9^{\#}$闸阀操作困难，且阀门手轮空转，2011 年 6 月 28 日，维保人员到现场，对 $1^{\#}$、$3^{\#}$闸阀进行注脂，问题得到解决，对 $7^{\#}$和 $9^{\#}$闸阀进行了更换，采气树阀门问题得到及时处理。

合规提示

采气树是控制气井生产的重要设备，内部流过高压、高含硫天然气，对阀门管线具有腐蚀作用，天然气流动中硫沉积严重，会造成阀门管线堵塞，阀门开关不灵活等，生产运行过程中，严格按照规范要求对采气井口装置阀门进行活动，发现有阀门无法开关或者操作困难等异常情况应及时汇报、处置和记录。

知识学习

1. 采气树闸阀操作时应顺针阀/逆时针缓慢旋转阀门手轮，操作过程中注意观察前后压力变化，当阀门开关到位后，回转 1/4 圈，挂阀门开关警示牌。

2. 每周活动一次井控装置闸阀，对采气树 $1^{\#}$总阀和生产翼 $9^{\#}$、$11^{\#}$闸阀进行活动时，为了不影响生产，对这三个阀门活动全开全关总圈数的 1/3 后迅速恢复，其余阀门(包括表套和技套阀门)全开全关一次。

3. 每月进行一次常规巡查维护，主要以现场观测、部件紧固和调整为主，每月阀柄插销润滑插拔一次、擦拭除锈，上黄油，并做好常规维护记录。

4. 每季度要对采气井口装置阀门轴承加注一次润滑脂进行设备润滑管理。

边学边练

1. 每周对采气树 1#闸阀和生产翼 9#、11#闸阀进行活动时，为了不影响生产，对这三个阀门活动全开全关总圈数的________迅速恢复。

2. 采气树闸阀操作时应顺针阀/逆时针缓慢旋转阀门手轮，操作过程中注意观察前后压力变化，当阀门开关到位后，回转________圈。

A. 1/3　　B. 1/4　　C. 1　　D. 2

3. 如何操作采气树闸阀？

答：

笼套式节流阀内漏故障处理

典型案例

自投产以来多次出现笼套式节流阀内漏或堵塞，内漏或堵塞会造成管线超压，触发集气站关断发生，给生产运行造成不利影响，通过分析笼套式节流阀内漏的原因主要是节流阀内笼套阀杆和密封圈磨损严重，无法实现密封，硫沉积造成节流阀笼套堵塞，需要对节流阀进行吹扫操作或拆卸、检查和维修等才能使用。

合规提示

气井关井后，可关闭笼套式节流阀，通过观察笼套式节流阀前后管线内压力、温度及气量变化，来判断笼套式节流阀是否内漏，是否开关到位。气井开井前要对笼套式节流阀进行开关功能测试，检查笼套式节流阀是否正常，若发生内漏或堵塞可对该阀进行活动、吹扫等操作，将异常情况及时汇报和记录，气井生产中还应加密监测阀门运行情况。

知识学习

1. 二级节流阀后压力超过：800kW 为 21MPa，1000kW 为 19MPa，三级节流阀后压力超过 12.5MPa，会发生关断。

2. 发生关断后应检查加热炉进口压力，若高于 19MPa，将三级节流阀打到就地状态，手动控制阀门开度，使加热炉进口压力低于 19MPa 后，将该节流阀打到远程控制状态。

3. 进行二、三级节流阀就地手轮操作时，应旋转执行机构上的红色旋钮至就地位置，压下手柄，逆时针(顺时针)旋转手轮，使之挂上离合器，转动手轮执行开阀(关阀)操作，直至达到要求，与站控室或中控室核对节流阀开度。

4. 进行二、三级节流阀远程操作时，应旋转执行机构上的红色旋钮至远程位置，进入 SCADA 系统工程师管理权限，在人机界面上点击节流阀图标，进入节流阀阀位设定对话框，按需求进行阀位设定，并确认。

边学边练

1. 气井关井后，可关闭笼套式节流阀，通过观察笼套式节流阀前后管线内______及气量变化，来判断笼套式节流阀是否内漏，是否开关到位。

2. 二、三级节流阀阀门压力超过：800kW 为______MPa，1000kW 为______MPa，三级节流阀后压力超过 12.5MPa，会出现关断。

A. 21　19　　B. 19　21　　C. 20　19　　D. 19　20

3. 如何进行二级节流阀就地手轮操作？

答：

地面安全阀触动器密封圈损坏故障处理

典型案例

集气站职工巡检 D401-1 井采气树 FST 井口控制柜时发现地面安全阀液控压力表异常下降，且无法进行补压操作。通过对控制柜及地面安全阀进行排查，发现地面安全阀触动器阀杆处严重漏油。经停产维修检查发现地面安全阀触动器密封不严，对地面安全阀触动器密封圈进行更换后阀门恢复正常。

合规提示

在高温天气时，液压管路受热、液压油膨胀导致压力进一步升高，巡检时，要仔细检查井口控制柜，确保压力都在设定范围内，要对井口控制系统液压管路各密封点进行检查，确保无液压油渗漏，若发现井口装置异常，设备工作不正常，密封点出现跑、冒、滴、漏现象，由岗位人员进行及时有效处理，并将异常及处理情况记录清楚。

知识学习

1. 气控液型井口控制柜 SSV 液控压力：3000~5000psi，SCSSV 液控压力：6000~8000psi；液控液型井口控制柜 SSV 液控压力：3000~5000psi，SCSSV 液控压力：6000~8000psi。

2. 高限压阀设定值：普光主体30MPa，大湾区块35MPa；低限压阀设定值：普光主体3.5MPa，大湾区块5MPa。设定值可根据具体情况进行设置。

3. 开地面安全阀操作：在站控室操作面板上按下“ESD-1复位”按钮后（或“ESD-2复位”按钮，或在人机界面上进行“ESD3复位”），再按下井口控制柜对应的“RESET”（复位）按钮。拔起井口控制柜地面安全阀手拉阀按钮并按下销钉锁定，地面安全阀供液压力逐渐升高至3000~5000psi，此时地面安全阀打开。

4. 关闭地面安全阀操作：（1）自动关闭：站场触发ESD-1、ESD-2、ESD-3，地面安全阀通过SCADA系统远程自动关闭；（2）就地关闭地面安全阀：按下“地面关断”按钮，地面液控回路压力下降为“0”，地面安全阀关闭；（3）按下RTU柜上“SSV Shutoff”（地面关闭）按钮，地面液控回路压力下降为“0”，地面安全阀关闭。

边学边练

1. 液控液型井口控制柜SSV液控压力______psi，SCSSV液控压力______psi。

2. 高限压阀设定值：普光主体______MPa，大湾区块______MPa。

A. 30　35　　B. 35　30　　C. 3.5　5　　D. 5　3.5

3. 如何确保关闭地面安全阀？

答：

地面安全阀液压供给回路无法建压故障处理

典型案例

2012年4月11日下午，D401-1井在生产中地面安全阀突然关闭。值班人员立即在SCADA系统人机界面进行检查，未发现有站场关断报警信息。在关闭11#闸阀后，到井口控制柜试图重新打开地面安全阀，发现增压泵压工作正常，输出压力稳定，但地面安全阀供给压力为0，无法打开。通过对现场检查发现是地面安全阀液压控制回路调压阀损坏，卸下调压阀检查发现阀针歪曲，调压阀失效。在无配件情况下临时屏蔽掉调压阀，用手动泵，单独对地面安全阀供压。2012年4月15日，备件到货后对调压阀进行了更换，恢复至系统初始流程，并进行试压、测试。

合规提示

1. 井口控制柜是井控的重要高备，备品备件要充足，确保设备完好率。

2. 巡检时，要仔细检查井口控制柜，确保压力都在设定范围内，同时要对各密封点进行检查，确保无液压油渗漏。

知识学习

1. 高含硫化氢气井井口控制装置主要由井下安全阀(SCSSV)、地面安全阀

(SSV)以及地面安全控制系统构成，可实现现场紧急关断、远程关断、易熔塞关断、高低压限压关断、系统自动稳压等功能。

2. 地面安全阀(SSV)与井口控制系统相连，在井口控制系统没有工作的情况下，地面安全阀(SSV)是完全关闭的，反之则是开启。但井场出现异常情况时，井口控制系统液压降为零，地面安全阀(SSV)内的活塞在弹簧的弹力作用下带动闸阀迅速关闭，起到保护井口的作用。

3. 每天对控制装置至少进行一次验漏和观察液控管线有无异常情况，如：管线接头有无漏液压油，气控管线有无渗漏情况等。

边学边练

1. ________对控制装置至少进行一次验漏和观察液控管线有无异常情况。

2. 地面安全阀(SSV)与井口控制系统相连，在井口控制系统没有工作的情况下，地面安全阀(SSV)是________。

A. 开启　　B. 关闭　　C. 半开半关　　D. 保持原状

3. 井口控制装置主要有哪些功能？

答：

地面、井下安全阀异常关闭故障处理

典型案例

2012 年 4 月 19 日 14：47，M502 集气站 SCADA 系统人机界面显示地面安全阀上位机关闭，紧接着易熔塞报警，井下安全阀关闭。站场人员立即到现场进行检查，发现地面安全阀开关状态和人机界面显示一致，控制柜面板压力表显示数值均为 0；发现井口控制柜油箱液位接近油位计最底部，但控制柜内无漏油现象；立即到高低压限位阀检查，发现有大量液压油从高低压限位阀泄油通道泄出，并有硫化氢气体泄漏。通过检查确定是高低压限位阀密封圈损坏导致气体泄漏，进行故障处理：①更换高低压限位阀密封圈；②屏蔽高低压限位阀；③油箱加液压油至 1/3~2/3；④从井口控制柜启泵建立先导压力和泵压，再打开井下安全阀，发现井下安全阀液压控制回路压力建立后压力不稳定，存在间歇性压降，断定井下液控三通阀开关不完全，确认井下安全阀关闭的原因是井下液控三通阀未达到全开状态；屏蔽井下安全阀后，对井下回路液控三通阀进行调节，确保全开；⑤建立地面安全阀液控压力，建立先导，打开地面安全阀；⑥开井对高低压限位阀进行验漏投运。

合规提示

1. 生产运行过程中，高低压限压阀密封圈损坏会导致有毒气体外泄，引起地面安全阀关闭，特别是在开、关井操作时，高低压限位阀易出现故障。

2. 生产运行过程中，要密切关注高低压限位阀的运行情况。如发现密封圈损坏，应立即对高低压限位阀进行屏蔽，避免增压泵频繁启停，对管路形成冲击。

知识学习

1. 高低压限压阀密封圈损坏、失效的原因主要有：温度和压力骤变引起密封圈变形；密封圈受硫化氢气体影响，发生膨胀，密封性能降低等。

2. 做好井下及地面安全阀屏蔽后，拆卸高低压限压阀，对高低压限压阀密封圈进行更换，完成更换后安装高低压限压阀并验漏。

3. 关井时，要先关闭高低压限压阀根部阀，避免局部压力发生大范围波动；开井后，要缓慢打开高低压限压阀根部阀。

边学边练

1. 高低压限压阀密封圈损坏、失效的原因主要有：________________________；密封圈受硫化氢气体影响，发生膨胀，密封性能降低等。

2. 井口控制柜油箱液位应控制在油箱______。

A. 1/3~2/3　　B. 加满　　C. 1/2　　D. 1/2~2/3

3. 如何操作高低压限压阀根部阀？

答：

地面安全阀异常关闭故障处理

典型案例

2012年5月7日9：13，当班人员发现在人机界面发现D402-2H、D402-3井地面安全阀突然关闭，通过查找SCADA系统历史故障描述记录，未发现关断原因。经现场检查、确认，发现D402-2H、D402-3井口控制柜中继阀处于关井状态，限压阀无压力显示，地面液压压力为零，同时控制柜ESD回路总压力超量程，由此可以判断，地面液控压力为零是导致两口井关断的直接原因。现场手动恢复打开井口安全阀，恢复生产，但控制柜ESD回路总压力超量程和限压阀工作压力为零两个故障未能处理。经进一步检查、分析，确认原因为高低压限位阀安装错位，将高低压限位阀进行拆卸及重新安装，及时添加液压油，故障消除。

合规提示

1. 设备安装、验收过程中要严格仔细，做好设备的维护保养工作。
2. 加强巡检力度，对设备的潜在问题要及时发现，及时处理。

知识学习

1. 当天然气输出管线压力低于或高于高低压限压阀设定值时，井口安全阀控制系统自动关闭地面安全阀。

2. 安装卡套接头时，应做到：①把管子插入管接头；②确保管子牢固地抵住接头底部，并且螺母处于手紧状态；③拧紧螺母直到不能用手随意转动管子为止；④在螺母的6点钟位置画一记号；⑤牢牢抓住接头本体，旋转螺母1¼圈到9点钟位置。

3. 维修管路系统时，把确保钢管插到卡套接头底部，若是高压(锥面密封)接头，确保钢管锥面能压紧接头内锥面，固定时，要固定接头或其他部件本体，再拧紧螺母，切勿固定螺母旋转接头本体。

边学边练

1. 设备安装、验收过程中要严格仔细，做好设备的维护保养工作。

2. 当天然气输出管线压力低于或高于高低压限压阀设定值时，井口安全阀控制系统________地面安全阀。

A. 自动关闭　　B. 自动关闭

C. 状态不变　　D. 半开半关

3. 如何安装卡套接头？

答：

高低压限压阀根部阀丝杆渗漏故障处理

典型案例

在生产运行过程中，高低压限压阀根部阀在开启状态下丝杆处有酸气渗漏，通过泄压检查发现“O”形圈老化，密封性能下降所引起的，通过更换密封圈，阀门恢复正常。

合规提示

高低压限压阀根部阀渗漏酸气，该部位为比扣连接，“O”形圈密封。“O”形密封圈老化速度较快，更换密封圈后，对丝杆阀盖进行紧固，若仍然存在酸气渗漏，则需对根部阀整体进行更换，阀门活动部位随着使用时间的延长，其密封性能逐渐降低，巡检过程中要密切观察阀门活动部位密封情况，发现问题及时汇报、处置和记录。

知识学习

1. 截止阀在使用中会出现针形阀和小口径阀门堵死，阀瓣、节流锥脱落，阀杆、阀杆螺母滑丝、损坏等引起性能失效。

2. 针对截止阀维修，应按下列步骤进行：①停用卸压后，修理或更换阀门；②当阀门堵死时，拆卸清理；③阀杆、阀杆螺母滑丝、损坏，可更换阀杆或螺母。

3. 操作小口径截止阀的操作力要小，开关不要超过死点。

4. 截止阀密封面泄漏可利用反复开启和微关闭方法，冲走沉积脏物或停用卸压后，修理或更换阀门。

5. 日常巡检时应检查阀门的阀杆和填料是否产生泄漏，截止阀的开关位置是否正确等。

边学边练

1. 截止阀在使用中会出现针形阀和小口径阀门堵死，______脱落，阀杆、阀杆螺母滑丝、损坏等引起______。

2. 操作小口径截止阀的操作力要______，开关不要超过死点。

A. 小　　B. 大

C. 加大　　D. 以上都对

3. 截止阀密封面泄漏如何处理？

答：

地面安全阀蓄能器密封圈损坏故障处理

典型案例

巡检时发现，D401 井口控制柜地面安全阀液压供给回路蓄能器下方管路接头处漏油，经过对卡套进行泄压、紧固，仍存在渗油问题，确定为蓄能器密封圈损坏。①将蓄能器进口针阀截断，对蓄能器进行屏蔽；②屏蔽地面安全阀和井下安全阀，卸掉控制柜内所有压力；③拆卸蓄能器，对密封圈进行更换；④更换完毕，单独对蓄能器进行验漏，合格后恢复系统管路原样；⑤进行系统管路建压，投用蓄能器，进行验漏观测。

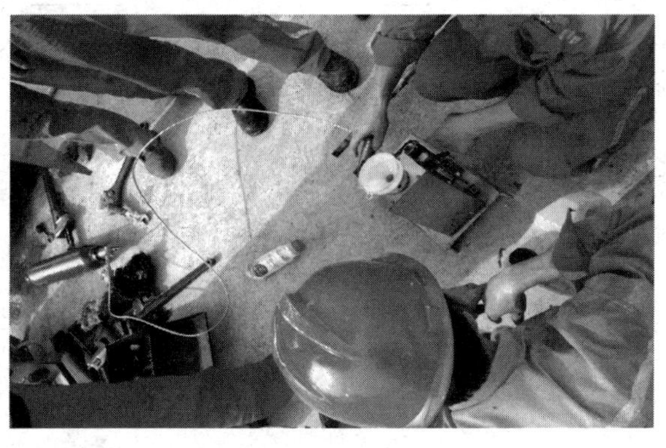

合规提示

巡检时如发现蓄能器漏油，要及时进行屏蔽，保证正常生产运行，并及时上报并进行整改。

知识学习

1. 出现异常情况时，可以人工摁下面板上的“井口关断”阀，地面关断阀自动下降，首先地面液控压力下降为0，10~120s后井下液控压力也下降为0(井下关井时间可调节，调节操作详见前面介绍)，地面安全阀和井下安全阀关闭，关闭顺序是先关断地面安全阀再关闭井下安全阀。故障排除后拔起该阀，然后按照开井程序开井。

2. 安全阀开关顺序为，开时：先开井下安全阀，后开地面安全阀；关时：只关闭地面安全阀或者先关闭地面安全阀，再关闭井下安全阀。

边学边练

1. 巡检时如发现蓄能器漏油，要及时__________，保证正常生产运行，并及时上报并进行整改。

2. 安全阀开顺序为，开时先______井下安全阀，后______地面安全阀。

A. 开　开　　B. 开　关　　C. 关　关　　D. 关　开

3. 如何在异常情况下进行井口关断阀关井操作？

答：

井口控制柜手动打压泵失效故障处理

典型案例

M502 站场人员对设备进行日常维护检查时发现，手动增压泵无法对液压管路进行补压，通过对现场进行检查、分析，初步判定故障原因是手动增压泵单向阀内漏。对手动增压泵进行拆卸、检查①屏蔽地面安全阀和井下安全阀；②卸掉压力，关闭手动泵进口球阀，拆下单向阀察看，并未损坏，排除单向阀损坏，进一步判断是溢流阀出问题；③拆下溢流阀，发现有脏物出现，对其进行清洗，然后安装进行试验。将泵进口接油箱出口，泵出口接一个临时压力表；④进行打压测试，压力表起数值，且稳压 1h 不降；⑤进行系统复压，验漏，稳压整改完毕。

合规提示

手动泵的溢流阀密封原理是金属密封，如密封件有残渣或者油质不合格，易导致溢流阀失效。加注液压油时，需加强检查并过滤确保油品合格。

知识学习

1. 高含硫化氢气井井口控制装置主要由井下安全阀（SCSSV）、地面安全阀（SSV）以及地面安全控制系统构成，可实现现场紧急关、断远程关断、易熔塞关断、高低压限压关断、系统自动稳压等功能。

2. 液控液型井口控制柜通过两台电动液压泵(或手动增压泵)将常压的液压油增压至地面安全阀或井下安全阀开启所需要的压力储存在蓄能器，低压泵输出压力为5000psi，高压泵输出压力为8500psi。低压泵的液体其中一支经减压阀减压后作为控制压力(100psi)，控制压力有三种通路：操作压力、高低压限位阀先导压力、易熔塞先导压力。这三种压力均作为控制压力控制液控三通阀，控制高压的液压油与油箱间的通路，控制地面安全阀(或井下安全阀)是否关闭。在高压的液压油与油箱间有一个和液控三通阀串联的电磁三通阀，控制地面安全阀(或井下安全阀)是否关闭。紧急情况下可通过ESD-1，ESD-2，ESD-3命令使电磁阀失电，关断地面安全阀(或井下安全阀)。

边学边练

1. 井口控制装置主要由________、________以及地面安全控制系统构成。

2. 在高压的液压油与油箱间有一个和液控三通阀串联的电磁三通阀，控制地面安全阀(或井下安全阀)是否关闭。紧急情况下可通过ESD-1，ESD-2，ESD-3命令使电磁阀______，关断地面安全阀(或井下安全阀)。

3. 如何处理手动泵故障?

答：

D401井口控制柜先导压力降低故障处理

典型案例

2012年5月20日8：00，D401站人员发现井口控制柜先导压力降至50psi。经检查地面安全阀、井下安全阀压力在正常范围内，无波动。对高低压限位阀进行验漏，无漏点，对液压管线回路进行检查，管线无松动，接头紧固，判定为井口控制柜减压阀故障，重新投用高低压限位阀，先导压力降至55psi，5min后，该压力升至60psi。更换减压阀后，先导压力恢复正常压力(80~120psi)范围。

合规提示

1. 若发现先导压力降低至50psi以下，地面安全阀、井下安全阀压力无降低现象，迅速对高压限位阀进行验漏，若有漏点，立即屏蔽高低压限位阀。

2. 若发现先导压力降低至50psi以下，地面安全阀、井下安全阀压力存在降低现象，迅速对易熔塞液压回路进行验漏，若有漏点，立即屏蔽易熔塞。

知识学习

1. 液控液型井口控制柜控制柜投运前应检查确认控制柜220V AC电源正常，液压油管路连接完好，液压油在上观察孔1/3~2/3位置处，高压泵、中压泵已启动；确认先导压力为80~120psi。

2. 井口控制柜操作前检查确认控制面板“井口 SCSSV 关断按钮”处于推入状态。

3. 检查确认油压、套压、油温、套温的数据，地面安全阀和井下安全阀开关状态在人机界面上显示与现场情况一致。

4. 地面安全控制系统(ESD)是在生产系统出现异常(如火灾、憋压、爆管等)情况时，切断井口气源，确保站场和人员安全的系统。

边学边练

1. 液控液型井口控制柜投运前应检查确认液压油在上观察孔________位置处，高压泵、中压泵已启动；确认先导压力为________psi。

2. 井口控制柜操作前检查确认控制面板“井口 SCSSV 关断按钮”处于______状态。

A. 推入　　B. 拔出

C. 不变　　D. 以上都对

3. 什么是地面安全控制系统？

答：

D403 加热炉 ESDV 无法打开故障处理

典型案例

2012 年 5 月 28 日，D403 集气站加热炉熄火报警，现场查看人机界面显示为“High fire start in wrong state”报警，经过重新点炉发现加热炉长明灯点火正常，ESDV 打开后马上又关闭。打开加热炉控制面板，发现 FGI 上面显示为“HIGH FIRE START SOL. CONTROL ERROR”报警，表示高火启动继电器处于错误的状态，在高火焰终端有不正常的电压。打开 FGI 控制箱，发现 K5 继电器松动，重新插紧 K5 继电器，加热炉恢复正常。

合规提示

1. 定期对接线进行检查紧固，在厂家接线时，站上职工做好监督工作。

2. FGI 上面显示为“HIGH FIRE START SOL. CONTROL ERROR”报警解决办法有以下几种：①清除外部电压源；②高火焰 K5 继电器松动或者损坏，需要更换；③F7 保险丝损坏需要更换；④FGI 接线板需要更换。

知识学习

1. 加热炉为水浴间接加热，通过燃料气在火管中的燃烧，使火管升温，火管再传递热量到外部罐内的软化水，软化水通过对浸没其中的盘管的加热，最后达到加热盘管内天然气，从而提高了气流温度。

2. 加热炉报警点的设置主要有：①水浴液位低报警；②水浴液位低低报警关断；③水浴温度高报警；④工艺气温度低低报警关断；⑤火焰故障报警；⑥燃烧器复位启动。

3. 加热炉远传主要信息主要有：①加热炉运行状态；②火焰故障报警信号；③加热炉水浴温度；④水浴压力；⑤水位低报警信号；⑥进口压力、温度；⑦出口压力、温度。

边学边练

1. 加热炉报警点的设置主要有：①__________；②__________；③水浴温度高报警；④工艺气温度低低报警关断；⑤火焰故障报警；⑥燃烧器复位启动。

2. 加热炉远传主要信息主要有：________、水浴压力、水位低报警信号、进口压力、温度、出口压力、温度。

A. 加热炉运行状态　　B. 火焰故障报警信号

C. 加热炉水浴温度　　D. 以上都是

3. 加热炉加热原理是什么？

答：

D402 加热炉熄火故障处理

典型案例

2012 年 7 月 3 日，D402-3 井加热炉人机界面显示加热炉熄火报警，进入加热炉界面后，发现加热炉 ESDV 阀关，加热炉熄火，打开炉头，重新调整了长明灯的位置，加热炉正常启动。

合规提示

长明灯与热电偶两者的位置要放在适合的位置，火焰喷嘴与点火棒的距离应小于 3/16in，热电偶与喷嘴的距离小于 2in，正常工作时以热电偶被烧红的部位为顶端最佳，不要让热电偶只有中间部分被接触火焰，否则经常会引起加热炉熄火。

知识学习

1. 燃料气系统指的是来自净化厂的 3.2~3.5MPa 燃料气，输至各集气站经过滤分离后，调压至 0.6~0.8MPa，分别供给井口加热炉用气、火炬长明灯用气、仪表风用气、吹扫气用气、应急燃气发电机用气等，各用气设备自带小型调压稳压设备，调节燃气压力至所需压力。

2. 加热炉燃烧效果不好原因主要有：加热炉风门挡板未调节到位，炉头喷嘴处缺氧；炉头设计存在问题；加热炉烟道有堵等原因都会造成加热炉燃烧效果不好。

3. 加热炉关断的主要原因有：(1)加热炉筒体压力超出 72.14kPa；(2)水箱压力变化频率超过 3kPa/s；(3)加热炉水箱内水液位到达或超过 95%；(4)水箱液位低于 45%；(5)水箱温度达到或超过 115℃；(6)一级盘管压力达到关断点；(7)二级盘管压力达到关断点。

边学边练

1. 加热炉燃烧效果不好的原因主要有：________；炉头设计存在问题；加热炉烟道有堵塞等原因都会造成加热炉燃烧效果不好。

2. 加热炉筒体压力超出______kPa 会发生关断。

3. 什么是燃料气系统？

答：

过站 ESDV 关断故障处理

典型案例

2012 年 4 月 5 日 11：20，D402 站场调试期间，计量分离器调试人员未与集气站工作人员结合，私自关闭仪表风出口球阀，导致过站 ESDV 阀关闭，造成上游 D403 集气站、M502 集气站、M503 集气站三座集气站场憋压关井。打开 D402 站场仪表风出口 ESDV 恢复流程，进行关断恢复操作。

合规提示

1. 加强施工前五讲：讲任务、讲风险、讲措施、讲责任、讲应急。

2. 加强现场施工人员监护，ESDV 在气控状态时泄压阀应处于开位。特别是在涉及燃料气、仪表风撬块操作时，一定要对燃料气、过站 ESDV 阀进行保位，燃料气分配橇块仪表风缓冲罐供气压力 0.6~0.8 MPa，ESDV 仪表风压力应控制在 0.5~0.7MPa。

知识学习

1. 手泵式执行机构 ESDV 有仪表风情况下，复位各级关断后，按下 ESDV 电磁阀侧的复位按钮，可实现 ESDV 阀复位操作。关断气源阀门，按下控制面板的放气钮，直到阀位指示器显示全关，可实现现场关阀操作。

2. 手泵式执行机构 ESDV 无仪表风情况下，现场将执行器汽缸左侧手动选择开关打到 MANUAL OPEN 端，确认执行器后球阀处于关断状态，使用打压加力杆打压，直到阀位指示器显示全开，可实现开阀操作。将执行器汽缸左侧手动选择开关打到 MANUAL CLOSE 端，直到阀位指示器显示全关，实现关阀操作。

3. 正常生产时，必须将执行器汽缸左侧手动选择开关打到 REMOTE 端，为保证阀门开关灵活，应定期通过按动阀门游离按钮，稍微活动阀门。

边学边练

1. 工前五讲内容主要有________、________、________、________。

2. ESDV 在气控状态时泄压阀应处于________。

A. 全开　　B. 全关

C. 半开半关　　D. 以上都不对

3. 手泵式执行机构 ESDV 无仪表风情况下如何操作？

答：

一级节流后压力表、压力变送器堵塞故障处理

典型案例

气井生产中常出现一级节流后取压管线堵塞频繁现象。具体表现在压力表和压力变送器显示数据不一致。经检查发现压力表和压力变送器取压管线堵塞，用热水反复浇淋取压管线，则压力表和压力变送器显示数据一致，解堵完成。

合规提示

1. 由于井口压力变送器牵涉到控制系统的逻辑关断，所以在进行井口压力变送器外排解堵时必须先在人机界面上进行对应井的井口压力高高低低报警信号超驰。同时，在巡检过程中要注意现场仪表和远传仪表数据的对比。

2. 读压力表示值时，要使眼睛、压力表指针、压力表刻度位于一条线上时再读数。

知识学习

1. 选择压力表量程：在被测压力较稳的情况下，最大压力值应不超压力表过满量程的 3/4；在被测压力波动较大的情况下，最大压力值应不超过压力表满量程的 2/3，为保证测量精度被测压力最小值应不低于全量程的 1/3 为宜。

2. 进行解堵操作时：

①在 ESD-4 级关断界面将井口压力高高、低低报警打到超驰允许状态；②关闭取压阀，将橡胶软管一端接到放空管上，另一端接到装有碱液的桶中；③用开水从压力表或压力变送器根部到双阀组来回浇 2min；④关压力表或压力变送器根部取压针阀；⑤缓慢打开放空针阀到 3 圈，直至压力表或压力表示值为“0”，关闭放空针阀；⑥打开压力表或压力变送器根部取压针阀；⑦观察压力表或压力表示值是否恢复正常。若正常则解堵操作完成；若不正常则按照上述②~⑥步骤再次进行解堵；⑧解堵完成后，将人机界面和井口控制柜关断超驰信号取消。

边学边练

1. 读压力表示值时，要使________、________、________位于一条线上时再读数。

2. 在被测压力较稳的情况下，最大压力值应在压力表满量程的________。

A. 1/3~3/4　　B. 1/3~2/3

C. 1/2~2/3　　D. 1/2~3/4

3. 如何进行压力表、压力变送器解堵？

答：

加热炉遭雷击熄火故障处理

典型案例

2012年7月10日，当时正值雷雨天气，D404值班人员在上位机发现D404-1H、D404-2H井加热炉数据中断，现场通信指示灯灭，并且无法进行远程操作，经现场检查发现加热炉通信卡遭雷击，导致通信中断，关闭加热炉，更换prosoft模块后，加热炉通信恢复正常。

合规提示

1. 进入夏季应每天每班检查一次防雷、防静电设施并做好记录。

2. 四川地区雷雨天气较多，加热炉易遭雷击，加热炉备品备件要充足，保证生产不受影响。

知识学习

1. 夏季八防：防触电、防滑跌、防雷击、防滑坡、防坍塌、防淹溺、防中暑、防洪水。

2. 外部防雷装置用于防护直击雷的防雷装置，由接闪器、引下线和接地装置组成。

3. 内部防雷装置用于减小雷电流在所需防护空间内产生的电磁效应的防雷

装置，由屏蔽导体、等电位连接件和电涌保护器等组成。

4. 防雷、防静电设施主要检查内容有：防雷防静电设施有无锈蚀、损伤或折断，接地装置四周土壤有无沉陷，接地线是否牢固、完好、有效，浪涌保护器是否损坏等。

边学边练

1. 夏季八防：防触电、防滑跌、________、防滑坡、防坍塌、防淹溺、防中暑、防洪水。

2. 进入夏季应每天每________检查一次防雷、防静电设施并做好记录。

A. 班　　B. 天　　C. 周　　D. 月

3. 防雷、防静电设施主要检查内容有哪些？

答：

压力表接头渗漏故障处理

典型案例

2009 年 11 月 26 日普光 104 集气站氮气气密，当氮气达到 9MPa 发现汇管压力表及 104 发球筒压力表接头处渗漏，关闭压力表根部阀，打开放空阀，加抗硫密封带紧固后压力表接头密封不漏。

合规提示

压力表通过丝扣与压力表接头进行连接，连接部位需要加装相应等级压力表密封垫或加抗硫密封带进行密封，缠绕抗硫密封带时应顺着压力表接头丝扣方向，应根据压力表规格型号选择合适的工具进行安装，安装后的压力表要再次进行试压气密。

知识学习

活动扳手规格/mm	100	150	200	250	300	375	450
最大开口宽度/mm	14	19	24	30	36	46	55
适用最大螺栓直径/mm	M6	M10	12	16	22	27	30

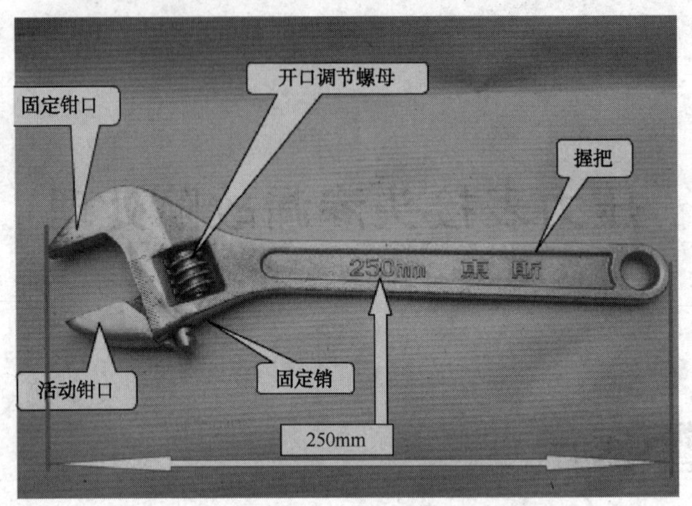

1. 使用活动扳手时，用相互平行的固定钳口和活动钳口将对称多边形式件固定住，通过朝活动钳口方向旋转握把，拆卸或坚固工件。

2. 活动扳手应按螺栓或管件大小选用，开口要适当，防止打滑损坏管件螺栓，造成人员伤害，不得套加管，不得当榔头使用，使用活动扳手要用力顺扳，不准反扳。

3. 安装或拆卸压力表时，应用两个扳手向相对方向操作，一个固定下部阀门接头，一个加力安装或拆卸压力表。

边学边练

1. 压力表通过__________与压力表接头进行连接，连接部位需要加装相应等级压力表________或________进行密封。

2. 根据压力表规格型号选择合适的工具进行安装，安装后的压力表要再次进行________。

A. 水试压　　B. 强度试压

C. 气密　　D. 以上都对

3. 如何使用活动扳手？

答：

加热炉关断故障处理

典型案例

2013年6月17日16：06，普光301-2井加热炉突然发生关断，二、三级节流阀关闭，加热炉停炉。值班人员查看就地控制柜面板，发现关断源为PDAHH-205，即罐体压力变化高高关断。打开罐顶泄压阀进行H_2S气体检测无泄漏，进行复位启动加热炉，后发生四次启动后关断。17：17技术人员到现场发现罐体压力显示为0.05kPa，对加热炉进行了复位重启，至17：27加热炉再次发生关断，再次检测无H_2S气体泄漏，罐体压力突然从0.15kPa变化至3.16kPa，判断为罐体压力变送器故障，从控制柜内将罐体压力变送器断电，并于17：35开井复产。

合规提示

1. 高含硫化氢天然气在水套炉盘管内流动经水浴间接加热，盘管浸没在软化水中，在出现罐体压力高高关断或变化高高关断时，应首先排除水套炉盘管无泄漏后，再对加热炉进行复位。

2. 在每次启动加热炉时，应确定在显示屏上显示主要信息屏幕，并从此屏幕上读取主要信息，确认正常后再进行操作。

知识学习

1. 加热炉控制面板上PAHH205 -加热炉筒体压力超出72.14kPa，该紧急关断最有可能在初次开启加热炉时发生，当加热炉筒体温度达到水沸腾温度，筒体压力的蒸汽压力可能超过 72. 14kPa。倘若该情况发生，操作员应该打开膨胀罐上的放空阀放空，然后再重置加热炉。该紧急关断，可以防止加热炉筒体由于一、二级盘管的潜在泄漏造成的超压，当遇到该紧急关断报警时应该严肃对待，谨慎处理。

2. 加热炉控制面板上 PDAHH205-水箱压力变化频率超过 3kPa/s 时，很有可能发生工艺高含硫化氢天然气进入筒体的潜在危险。该紧急关断，可以防止加热炉筒体由于一、二级盘管的潜在泄漏造成的超压，当遇到该紧急关断报警时应该严肃对待，谨慎处理。

边学边练

1. 加热炉控制面板上 PAHH205 -加热炉筒体压力超出________kPa 时发生关断，该紧急关断最有可能在初次开启加热炉时发生。

2. 加热炉控制面板上 PDAHH205-水箱压力变化频率超过________s 时发生关断，很有可能发生工艺高含硫化氢天然气进入筒体的潜在危险。

A. 1　　　　B. 2　　　　C. 3

3. 加热炉 PDAHH205 触发判断如何处理？

答：

普光 202-1 井三级关断处理

典型案例

2013 年 5 月 2 日，中控室人员在配合普光 202 集气站现场人员对 P202-1 井进行配产调整过程中，由于操作失误，误将加热炉三级节流阀开度由 61%调整为 9%，导致加热炉二、三级节流间的介质压力瞬间达到 19.7MPa，超过了加热炉高压关断 19.0MPa 的设计压力，造成加热炉节流阀保护关闭，引发了现场单井三级关断。经现场人员及时处理，很快解决了问题，恢复了该井的正常生产。

合规提示

ESD-三级单元关断的处置先将加热炉二、三级节流阀之间的压力降至正常范围，检查确认加热炉进口处的安全阀状态正常，再到人机界面进行三级关断复位。

知识学习

关断恢复操作：①关闭井口 9 号、11 号闸阀和井口笼套式节流阀；②若 ESD-3 级关断为中控室触发全气田 ESD-1、ESD-2 级关断导致，则待中控室解除该关断并接到调度指令后再在手操台按 ESD-3 级关断复位按钮；③若为站内手操台触发，则将 ESD-3 级关断按钮进行复位，若为 SCADA 系统关断界面触发，则在人机界面进行关断信号解除并在手操台进行复位，如果现场ASB按钮触发，则到现场进行手动ASB复位后再到手操台进行复位；④现场将燃料气ESDV电磁阀进行复位，将燃料气ESDV打开；⑤上述操作完成后，向区调度室汇报；⑥接到调度恢复流程指令后，进行流程恢复操作；⑦如果此次关断时间过长，长明灯已熄灭，则需到火炬区对长明灯进行手动点火操作；⑧若二级节流阀后压力超过关断点(800kW为21MPa，1000kW为19MPa)、三级节流阀后压力超过关断点12.5MPa，则先将超压段进行放空，当压力低于关断点后，在加热炉控制面板上进行复位操作，并重新启动加热炉；⑨现场将外输ESDV打开，按照井口控制柜操作规程将地面安全阀打开；⑩按照开井阀门状态确认表进行流程确认，等待调度指令，准备开井。

边学边练

1. 现场加热炉自锁关断的最高设计压力为________MPa，当管线内压力高于该压力时，就会造成气井关断。

2. 由于加热炉二、三级节流阀之间的工作压力过高，引发的单井关断为站场________关断。

A. ESD-一级泄压关断　　B. ESD-二级保压关断

C. ESD-三级单元关断　　D. 系统关断

3. ESD-三级关断时应如何处理？

答：

流量计五阀组解堵处理

典型案例

2014年12月3日23：00，普光102集气站值班人员在人机界面发现P102-1井天然气产量出现了持续下降的情况，判断为流量计五阀组堵塞。23：15值班人员到现场对该井流量计五阀组进行了及时解堵处理后，产量恢复了正常。

合规提示

1. 流量计五阀组是现场计量系统的重要组成部分，是取压装置与流量计之间的过渡设备，起着保护流量计的作用。主要由高、低压阀、平衡阀及两个校验(排污)阀组成，为一体化结构，内部流体通道细小，容易堵塞。

2. 普光气田投产以来，由于生产的天然气中固、液杂质较多，现场经常发生流量计五阀组堵塞问题，当出现五阀组堵塞时，流量计就会显示产量下降甚至回零，需操作、计量人员到现场通过阀组放空、热水浇灌、提高电伴热温度等方法进行解堵处理。解堵操作要及时进行，防止现场计量受到较大影响和五阀组内结垢堵死问题的出现。

3. 电伴热要求控制开关保持良好，指示灯正常，接线端子无松动；现场的接线盒、分线盒、温控器密封良好；电伴热外保温层无破损、残缺、潮湿；温控器毛细管(温度传感器)无损坏。

知识学习

解堵操作：①将气相流量计五阀组平衡阀打开；②关闭气相流量计导压管线上的取压针阀；③用开水反复浇五阀组及流量计导压管线；④将气相流量计放空管线导入碱桶；⑤先缓慢打开放空针阀，然后逐渐开大针阀；⑥将放空针阀关闭，打开导压管线上的取压针阀；⑦将平衡阀关闭；⑧站控室人员观察流量，若和该井配产相符则解堵操作完成；若不一致则按照上述步骤再次解堵。⑨完成解堵工作后，清理作业现场。

边学边练

1. 现场使用的流量计五阀组主要由________、________、________组成。

2. 为了保护仪表，五阀组在操作时，首先要打开________，在进行其他操作。

A. 高压取压阀　　B. 低压取压阀

C. 平衡阀　　D. 放空阀

3. 电伴热的使用有哪些要求？

答：

高低压限位阀自动泄压故障处理

典型案例

2010年3月1日–3月6日，P203站井口控制柜高低压限位阀两次自动泄压导致地面安全阀关闭。高低压限位阀先导压力在48h内，自动从110psi下降到28psi时，地面安全阀关闭。有时候高低压限位阀先导压力在白天中午从110psi上升到160psi，压力波动范围加大，高低压限位阀液压油路上的泄放阀存在故障，泄放阀内的密封圈损坏导致液压密闭性不好，不能及时对高低压限位阀泄压和补压，从而触发地面安全阀关闭，更换高低压限位阀液压油路上的泄放阀内的密封圈，重新调节准确泄放参数。

合规提示

值班人员巡检时及时观察高低压限位阀先导压力值变化，先导阀的压力为80~120psi，同时注意井口安全阀阀和井下安全阀的压力在正常范围，若不在此范围及时进行补压、打保位、汇报维修处理，避免地面安全阀压力变化触发气井关断。

知识学习

1. 井口控制柜安装在距井口20~30m范围内，用于对井下安全阀和地面安全阀实现有效控制。

2. 气控液型控制柜的地面安全阀(SSV)液控压力3000~5000psi，气控液型控制柜的地面安全阀(SVSSV)液控压力6000~8000psi。

3. 液控液型控制柜的地面安全阀(SSV)液控压力4000~5000psi，液控液型控制柜的地面安全阀(SVSSV)液控压力6000~8000psi。

边学边练

1. 井口控制柜安装在距井口________m范围内，用于对井下安全阀和地面安全阀实现有效控制。

2. 气控液型控制柜的地面安全阀(SSV)液控压力________psi。

A. 3000~5000　　B. 4000~5000

C. 6000~8000　　D. 6000~9000

3. 液控液型控制柜SSV、SVSSV液控压力是多少？

答：

D404-2H 井压力变送器根部阀阀芯蹦出故障处理

典型案例

2014 年 8 月 25 日，大湾 404-2H 井采气树油压压力变送器根部阀手柄螺纹断裂飞出，大量硫化氢泄漏，当时该井油压为 30MPa。值班人员立即到井口控制柜将 D404-2H 井地面安全阀关闭，对井口放空泄压，启动站场广播，通知批处理人员、维保人员、站场人员迅速撤离至安全区域，做好现场警戒，通知周边居民现场发生硫化氢泄漏，远离危险区域。经检查压变使用的 316-AN 针阀腐蚀严重，并组织对大湾所有生产井取压阀门进行了调查分析，发现该部位阀门存在不同腐蚀，材质抗硫级别低，编制了针阀更换的专项方案，随即组织将同类针阀更换为镍基针阀。采气厂制定了专项管理措施，并下发紧急通知，告知厂所有基层单位和相关维保单位，在施工过程中的存在风险，要求按照正确规范进行操作。

合规提示

针型阀活动部位随着使用时间的延长，其密封性能逐渐降低，巡检过程中要密切观察阀门活动部位密封情况，发现问题及时汇报、处置和记录。

知识学习

普光主体集气站采气树井口至加热炉进口管线为镍基合金 825 管材（UNS

N08825)；加热炉至出站工艺管道及外输管道为抗硫碳钢管材(L360QCS)；火炬放空系统为抗硫低温碳钢管材(ASTM A333 Gr. 6)；药剂加注管道为不锈钢管材(316L)。

大湾区块集气站采气树井口至加热炉进口管线为镍基复合管管材；加热炉至出站工艺管道及外输管道为 L360QS 无缝钢管和 L360MS 直缝埋弧焊钢管；火炬放空系统为抗硫低温碳钢管材(ASTM A333 Gr. 6)；药剂加注管道为不锈钢管材(316L)。

边学边练

1. 普光主体集气站采气树井口至加热炉进口管线为________管材。

2. 加热炉至出站工艺管道及外输管道为________管材。

A. 镍基合金 825 管材(UNS N08825)

B. 抗硫碳钢管材(L360QCS)

C. 抗硫低温碳钢管材(ASTM A333 Gr. 6)

D. 不锈钢管材(316L)

3. 大湾区块集气站管线采用什么管材?

答:

上海神开笼套式节流阀轴承压盖渗漏故障处理

典型案例

进行气井调产时，D401 站职工发现笼套式节流阀轴承压盖处有酸气渗漏，浓度超过 10×10^{-6}。通过现场检查、确认，渗漏原因主要是在多次进行开关后，笼套式节流阀轴承压盖松动，硫化氢气体从松动部位渗漏。采取关井、泄压后，使用专用工具对笼套式节流阀轴承压盖进行紧固，紧固完成后，开井对笼套式节流阀各密封部位进行检查，无渗漏。

合规提示

定期对笼套式节流阀轴承压盖进行检查，发现松动及时进行泄压紧固，避免出现硫化氢气体渗漏等情况。

知识学习

采气井口装置常规维护保养工作主要以现场观测、部件紧固、调整和采气树阀门轴承加注润滑脂为主，采气井口装置常规维护保养每季度一次，主要内容包括：(1)阀门手轮、快速释放销钉、剪切销钉是否完好；(2)阀门开关是否正常；(3)阀门连接螺栓是否坚固；(4)阀门法兰连接密封面是否完好；(5)阀门轴承加注润滑脂。

周期巡查维护保养工作以深入检查、检测及调校、调整为主，其目的是为了保证系统在以后较长时间内，能够有效运行。采气井口装置每半年进行一次周期巡查维护保养，主要内容包括：(1)采气井口装置常规维护保养(轴承加注润滑脂除外)；(2)生产井每半年一次对阀门阀板加注润滑脂；(3)回注井每半年一次对阀门轴承加注润滑脂，每年一次对阀门阀板加注密封脂。

边学边练

1. 采气井口装置常规维护保养工作主要以现场观测、________、调整和采气树阀门轴承加注润滑脂为主。

2. 采气井口装置常规维护保养________一次。

A. 每个月　　B. 每季度　　C. 每半年　　D. 每年

3. 周期巡查维护保养的目的是什么？

答：

井口安全控制系统频繁补压故障处理

典型案例

气井正常生产运行过程中，多次出现井口控制柜电动泵在短时间内频繁起泵补压，通过分析电动增压泵频繁补压是因为输出端压力不稳定，低于地面、井下安全阀设定值。主要原因有溢流阀损坏、控制柜内元件或接头处漏油、调压阀内漏等。

针对溢流阀损坏或调压阀内漏，采取更换溢流阀或调压阀；针对元件或接头处渗漏时，主要是对元件或各接头处进行泄压、紧固。

合规提示

(1)每天对控制装置至少进行一次验漏和观察液控管线有无异常情况，如：管线接头有漏液压油，气控管线有渗漏情况等。

(2)空气压缩机每天至少排水一次。

(3)保持控制柜清洁无污物、无锈蚀。

(4)发现电动泵频繁起泵或控制柜面板压力表指示压力波动较大时应及时上报整改，并加密对控制柜进行巡检。

知识学习

气控液型井口控制柜工艺参数：(1)易熔塞熔化温度127℃±5℃；(2)空压机

压力开关启停压力 0.5~0.75MPa；(3)SSV 液控压力 3000~5000psi；(4)SVSSV 液控压力 6000~8000psi；(5)普光主体高限压阀设定值 30MPa；大湾区块 35MPa，关断设定值可根据具体使用情况进行设置；(6)普光主体低限压阀设定值 3.5MPa；大湾区块 5MPa，关断设定值可根据具体使用情况进行设置。

边学边练

1. 易熔塞熔化温度________℃。

2. 空压机压力开关启停压力________。

A. 0.1~0.5 MPa　　B. 0.5~0.75 MPa

C. 0.75~1.0 MPa　　D. 1.5~2.0 MPa

3. 气控液型井口控制柜 SSV、SVSSV 液控压力是多少？

答：

D405 加热炉温控阀漏气故障处理

典型案例

2012 年 7 月 14 日，值班人员在巡检过程中发现 D405-2H 井加热炉温控阀燃料气存在泄漏，燃料气 ESDV 阀全开，加热炉温控阀最大开度只能达到 93%，查看控制面板内温控阀开度显示为 100%开度，进行验漏确认温控阀定位器和执行机构连接处存在泄漏，关闭加热炉，更换温控阀密封圈，问题得到解决。

合规提示

加热炉温度调节阀(TCV)的开度根据二级节流后的温度、二级加热后的温度及橇内的水的温度自动调节。

加热炉进口温度、压力、二级节流后温度、压力分别采用一体化温度变送器、智能压力变送器远传至站控室，加热炉一级加热出口温度通过一体化温度变送器远传，二级加热出口流量采用高级孔板阀计量通过变送器远传，二级加热出口温度采用一体化温度变送器远传至站控室。

知识学习

加热炉主要检查各设备是否运行正常；检查加热炉缓冲罐液位；监控各系统的压力、温度、流量是否正常；监控各连接部位是否松动或泄漏；检查主燃烧器和长明灯的火焰情况。

边学边练

1. 加热炉温度调节阀(TCV)的开度根据二级节流后的温度、________及橇内的水的温度自动调节。

2. 二级加热出口流量采用________计量，通过变送器远传。

A. 高级孔板阀　　　　B. 外夹式超声波流量计

3. 加热炉主要检查哪些内容?

答:

加热炉节流阀内漏故障处理

典型案例

2013 年 8 月 15 日，D402-2H 井检修后进行氮气气密过程中，发现二级节流阀内漏，执行机构面板显示已全关，值班人员进行二级节流阀性能测试，发现站控室给定一个开度后，现场实际开度总是比站控室给定开度小 3%左右。通过 Rotork 遥控器进入阀位设置界面后发现，该阀门的 CLOSE ACTIVE(关阀方式)设置为 CLOSE ON LIMIT(限位关阀)。针对开度值现场比站控室小 3%的情况，主要是该执行机构的 Deadband(死区)设置太大。用 Rotork 遥控器进入设置界面后，输入密码 1D，进入编辑模式，再按箭头指示进入 Basic Setup 后，依次进入 CLOSEWISE 后按左右键切换到 CLOSE ACTIVE，进入选择 CLOSE ON TORQUE，选择完成后确认即可，最后回到主页面。用 Rotork 遥控器进入设置界面后，输入密码 1D，进入编辑模式，再按箭头指示进入 Config Setup，一直往下直至进入 Fd 栏(Deadband)，按+或者-号，将死区调整为一个小点的数值即可，如 0.5%。通过调整后，现场节流阀能接准确接收到站控开度命令，而且节流阀在全关情况下没有内漏。

合规提示

在阀位调整过程中，不要轻易更改节流阀的组态信息(Config Setup)，防止将节流阀程序混乱。在对节流阀进行参数设置时一定要先将其打到就地或者停止模式。

知识学习

1. 加热炉节流阀就地手轮操作：(1)旋转执行机构上的红色旋钮至就地位置；(2)压下手柄，逆时针(顺时针)旋转手轮，使之挂上离合器；(3)转动手轮执行开阀(关阀)操作，直至达到要求；(4)与站控室或中控室核对节流阀开度。

2. 加热炉节流阀就地自动操作：(1)旋转执行机构上的红色旋钮至就地位置；(2)旋转黑色旋钮调整开度(顺时针旋转为关阀，逆时针旋转为开阀)；(3)当开度达到要求值时旋转红色旋转按钮至"STOP"(停止)位置；(4)与站控室或中控室核对节流阀开度。

边学边练

1. 加热炉节流阀就地自动操作时应旋转执行机构上的________旋钮至就地位置。

2. 加热炉节流阀就地自动操作时应旋转________旋钮调整开度。

A. 红色　　　　　　　　　　B. 黑色

3. 如何进行加热炉节流阀就地手轮操作？

答：

加热炉进口压力变送器堵塞故障处理

典型案例

2013 年 9 月 4 日，D403 集气站值班人员从站控室人机界面发现 D403－1 井加热炉进口压力变送器数值在 3min 内没有任何跳动，查看其历史数据也发现没有跳动，采取调节二级节流阀开度，观察 2min 后发现压力显示值仍然没有变化，判断压力变送器堵塞，值班人员在做好相关准备工作后，带上烧好的开水来到现场，按照压变解堵步骤解堵(用开水浇、放空吹扫)。经过连续 3 次操作，压变解堵成功，并与该部位压力表显示值一致。

合规提示

站控室人机界面显示的数据有动参数(如压力、温度、流量、液位、阀位开度等)和静参数(如阀门的状态、设定的开度等)，正常生产时，动能参数会随生产时间发生变化，并遵循一定的变化规律。

气井生产的天然气高含硫化氢，管线内硫沉积严重，易发生硫沉积堵塞，值班时要密切观察人机界面的数据变化情况，尤其是压力方面的数据，发现这些参数不时，应即时汇报、判断、处理。

知识学习

压力变送器解堵前检查确认被堵部件位置，若被堵设备是参与控制连锁，或影响连锁的压力仪表，则需在站控室人机界面或井口控制柜将该关断信号打至超驰。检查确认所有连接部件紧固，无破损。检查确认碱液桶中碱液液面在1/2处。

边学边练

1. 控室人机界面显示静参数主要有阀门的状态、设定的________等。

2. 站控室人机界面显示动参数主要有压力________等。

A. 温度、流量、液位、阀位开度

B. 温度、流量、液位、阀门状态

3. 压力变送器解堵前检查哪些内容？

答：

井口压力变送器解堵引发地面安全阀关闭故障处理

典型案例

P102 集气站 2 井井口压力变送器解堵时，地面安全阀自动关闭，在站控室内将井口压力高高低低报警打到超驰状态，然后再对其进行解堵。

合规提示

当站控室井口压力变送器未打超驰时，对井口压力变送器进行解堵，井口压力低低报警，地面安全阀自动关闭。

压力变送器解堵前需在站控室人机界面将该关断信号打至超驰，检查确认所有连接部件紧固，无破损，检查确认碱液桶中碱液液面在 1/2 处。

知识学习

压力变送器解堵操作时必须穿戴防护器具，且有专人监护，在开关针阀过程中切忌猛开、猛关，若解堵设备为参与控制连锁的压力变送器，一定要在人机界面将其超驰，防止引起意外关断，操作人员在进行解堵操作时，要站立在上风口，切忌半蹲姿势，当打开放空针阀还没有反应时，应关闭放空针阀，用开水重新进行浇注，当高低压限位阀和被解压力表或压力变共用一个管台时，应将高低压限位阀取压针阀关闭，并在解堵完成后恢复。

边学边练

1. 压力变送器解堵前需在站控室人机界面将该关断信号打至________。

2. 压力变送器解堵前需检查确认碱液桶中碱液液面在________处。

A. 1/2　　B. 1/3　　C. 1/4　　D. 1/5

3. 压力变送器、压力表解堵中应注意些什么？

答：

加热炉 ESDV 阀关无法启动故障处理

典型案例

2014 年 1 月 5 日，D402-3 井加热炉运行时，加热炉燃烧器及 ESDV 阀在无任何操作的情况下突然关闭，检查加热炉自控设备及报警信息记录均未发现原因，之后对加热炉进行重启，发现加热炉 *TC* 值一直停留在 17 且不能持续上升达到使燃料气 ESDV 阀开启的设定值，如此往复，加热炉在经历 3 次点火失败后自动关闭。判断可能是热电偶出现问题，打开加热炉燃烧器的观察窗，发现热电偶被加热的位置位于中部，导致热电偶在加热过程中受热不稳定，*TC* 值不能达到设定值。停加热炉，取出热电偶，将热电偶被加热的位置调整为热电偶头部后问题解决。调整热点偶位置后，*TC* 值能达到 27 且正常起炉后再未发生紧急关断的情况。

合规提示

加热炉运行时应查看压力、温度、流量、液位是否在正常范围，查看燃料气系统压力、温度、流量就地示值与站控系统示值是否一致，查看温度控制阀 TCV 与 ESDV 现场状态与站控系统状态是否一致，查看加热炉点火、运行状态、PAHH 和 PALL 在站控系统状态是否正确显示。

知识学习

投运加热炉时应按下加热炉控制面板停止键，再按下复位键，最后按下启动键，控制面板上绿灯亮，开始自动点火，当加热炉软化水温度达到65℃左右，打开缓冲罐手动排气阀平衡压力，然后关闭手动排气阀。

停运加热炉时确认停运指令后，在BMS控制柜上按下停止键，燃烧器停止工作。

LAHH200-加热炉水箱内水液位到达或超过95%。

LALL200-水箱液位低于45%。

TAHH211-水箱温度达到或超过115℃。

HS213-按燃烧器停止按钮按下，该关断一般是在操作人员在可控制的情况下进行的。

UA210-如果是红的，燃烧器关闭；绿色，说明燃烧器开启，没有复位清除状态。当系统重置并且按下开启按钮，UA210应该从红色变为绿色。

边学边练

1. 投运加热炉时应按下加热炉控制面板停止键，再按下______，最后按下启动键，控制面板上绿灯亮，开始自动点火。

2. 停运加热炉时确认停运指令后，在BMS控制柜上按下______，燃烧器停止工作。

A. 停止键　　B. 复位键　　C. 启动键

3. 如何从控制面板查找BMS报警信息？

答：

D405 加热炉 ESDV 阀关无法启动故障处理

典型案例

2012 年 7 月 10 日，当班人员发现 D405-1H 井加热炉燃烧器及 ESDV 阀在无任何操作的情况下突然关闭，检查加热炉自控设备及报警信息记录均未发现原因，之后对加热炉进行重启，发现加热炉 *TC* 值一直停留在 17 且不能持续上升达到使燃料气 ESDV 阀开启的设定值，如此往复，加热炉在经历 3 次点火失败后自动关闭。判断可能是热电偶出现问题，打开加热炉燃烧器的观察窗，发现热电偶被加热的位置位于中部，导致热电偶在加热过程中受热不稳定，*TC* 值不能达到设定值。停加热炉，取出热电偶，将热电偶被加热的位置调整为热电偶头部后问题解决。调整热点偶位置后，*TC* 值达到 31，正常起炉后恢复正常。

合规提示

1. 按下加热炉控制面板停止键，再按下复位键，最后按下启动键，控制面板上绿灯亮，开始自动点火。

2. 加热炉软化水温度达到 65℃左右，打开缓冲罐手动排气阀平衡压力，然后关闭手动排气阀。

知识学习

1. Burner—燃烧器-说明燃烧器是开启、工作、或停止状态。

2. High Press—高高报警-正常或报警-主燃烧器上的燃料气高高报警。

3. Low Press—低低报警-正常或报警-主燃烧器上的燃料气低低报警。

4. Closure—停止-停止或开启-燃烧器 ESDV 阀状态。

5. STATE—状态-说明 BMS 在开启时的状态。

6. TC millivolts—长明灯热电偶电压-mV，从 K 型热电偶读取。

7. PRE PURGE TM—预吹扫时间-点火之前预吹扫倒计时。

8. COMM STAT—Good or Bad-通信状态- 好或者坏-显示 PLC 和 BMS 之间通信状态。

9. LATEST—最近的报警信息-如果 BMS 启动失败且控制面板前面的(红色)指示灯亮，最近的 BMS(启动)失败报警信息将在这里显示。

10. PREVIOUS—先前的报警信息-BMS 先前的(启动)失败报警。

边学边练

1. 加热炉软化水温度达到________左右，打开缓冲罐手动排气阀平衡压力，然后关闭手动排气阀。

2. 按下加热炉控制面板________，再按下复位键，最后按下启动键，控制面板上绿灯亮，开始自动点火。

A. 停止键　　B. 复位键　　C. 启动键

3. 如何查看控制面板报警记录?

答：

加热炉 ESDV 阀打不开故障处理

典型案例

2013 年 6 月 17 日，D405-2H 井加热炉正常开启后，长明灯正常，热电偶 TC 值达到 27 后，燃料气 ESDV 阀未打开，主火无法点燃。查看控制面板无任何报警信息，查看控制面板 ESDV 阀状态处于开启状态，检查 ESDV 阀的开关信号线连接均无问题，判断可能是由于阀门本体或者仪表风存在问题。将仪表风管线进燃料气 ESDV 阀接头拆除并进行吹扫，安装后重新启动加热炉恢复正常。

合规提示

(1) PAHH200— 一级盘管压力达到关断点时，1000kW 加热炉紧急停车关断点为 19MPa，800kW 加热炉紧急关断设置点为 21MPa。

(2) PAHH202—二级盘管压力达到关断点，1000kW 加热炉紧急停车关断点为 10.5MPa，800kW 加热炉紧急关断设置点为 10.5MPa。

知识学习

投运加热炉前需做好以下工作：

1. 检查确认加热炉控制柜及节流阀供电正常。
2. 检查确认加热炉控制面板参数除 UA210 之外无报警信号。

3. 检查确认加热炉炉体内软化水液位在45%~85%之间。

4. 检查确认压力表及压力变送器隔断阀打开、放空阀关闭，站控系统压力、温度、液位及阀位状态与现场相符。

5. 检查确认加热炉高级孔板阀计量系统处于投用状态。

6. 检查确认仪表风进加热炉 ESDV 的压力稳定在 550kPa 左右。

7. 检查确认燃料气进气压力在 100~120kPa 之间，长明灯供气压力稳定在 40~50kPa 之间。(高含硫气田采气工)

边学边练

1. PAHH200— 一级盘管压力达到关断点时，1000kW 加热炉紧急停车关断点为________MPa。

2. PAHH202—二级盘管压力达到关断点，1000kW 加热炉紧急停车关断点为________MPa。

A. 19　　　　B. 21　　　　C. 10. 5

3. 投运加热炉前检查哪些内容？

答：

加热炉通信故障处理

典型案例

2014 年 8 月 17 日，D404-1H 井加热炉无法正常启动，发现 PLC 显示屏上通信状态一栏显示 FAIL，加热炉 TC 值等燃烧器状态数据处于冻结状态，加热炉控制面板上启动按钮无效，上下翻页按钮正常，在对加热炉 PLC 模块检查后发现故为 FGI351 燃烧器控制器出现故障，更换液晶主板，故障清除。

合规提示

1. 在 BMS 控制柜上按下停止键，燃烧器停止工作。

2. 在点火过程中，若在加热炉就地控制柜上运行灯变红，表示点火失败，需维护人员检修后再启动。

知识学习

1. 加热炉身在使用过程中，应定期检查和清扫，外壳不得堆积尘土和杂物，不得用水龙头直接清洗；

2. 定期检查运行中的安全阀是否存在内漏，每年将安全阀拆下进行全面清洗送检一次，检验合格后方可重新使用。使用中若安全阀发生起跳，必须送检合格后方可重新使用。当环境温度低于摄氏零度时，还应采取必要的防冻措施以保证安全阀动作的可靠性；

3. 定期清除加热盘管的锈蚀和结垢，防止加热过程有过热的情形产生，影响盘管寿命；

4. 定期检查节流阀连接螺栓有无松动；密封面有无毛刺和锈蚀产生，各连接部件有无发渗漏。

边学边练

1. 在 BMS 控制柜上按下________，燃烧器停止工作。

2. 在点火过程中，若在加热炉就地控制柜上运行灯________，表示点火失败，需维护人员检修后再启动。

A. 变红　　　B. 变绿

3. 如何进行加热炉维护保养？

答：

ESDV 关闭显示状态不明故障处理

典型案例

2014 年 3 月 12 日，M502 出站 ESDV 现场为关闭，人机界面显示状态不明，值班人员到现场检查确认 ESDV 已关闭到位，向调度汇报。自控人员到现场再次确认 ESDV 已关闭到位，然后到 PCS 机柜找到 ESDV-04702 的开、关两组状态线，用万用表测试发现开信号线为断路，关信号线也为断路，这样就说明并非上位机的原因，而是线路的原因，因为 ESDV 关闭时关信号线应该为通路，所以很可能是现场或机柜里的线虚接了，于是用手轻轻拽了关信号正负两线，发现零线松动，用螺丝刀拧紧后得到处理，处理后 ESDV-04702 人机界面状态与现场开关状态反馈能正常对应。

合规提示

操作 ESDV 要进行状态确认，发现问题及时上报、整改。

产生这种现象有两个原因：现场 ESDV 开关到位，上位机 ESDV 状态颜色设置错误，现场或机柜接线松动。

知识学习

阀门状态辨识：

1. 确认阀门当前处于状态(注：灰色状态项没有权限就在界面不能进行以上操作)；

2. 在开关阀门时请注意阀门状态，不要在阀门没有开到位或关到位的时候进行开关阀操作，以免造成阀门逻辑错误而引起的器件损坏；

3. 阀门状态指示：绿色为全开、黄色为运行、红色为全关、蓝色为故障；

4. 如果是自动控制类型的阀，操作完成后，将手动打到自动状态，以便程序自动控制执行；

5. 设备的状态同阀门状态的指示一样：绿色为全开、红色为全关。

边学边练

1. 操作 ESDV 要进行状态确认，发现问题及时________。

2. 阀门状态指示中绿色为________。

A. 全开　　B. 运行　　C. 全关　　D. 故障

3. 如何进行阀门辨识？

答：

D402 集气站三级泄压关断故障处理

典型案例

2013 年 3 月 2 日 9：56，D402 集气站发生三级泄压关断，站控室人机界面显示站场大门 ESD-3 级关断按钮触发。值班人员进行现场确认发现大门口 ASB 按钮推入，随即在 ESD-3 级关断界面将关断原因进行超驰，到现场对站门口 ASB 关断按钮进行关断、复位操作。

合规提示

出现 ESD-3 级泄压关断时，应首先查明原因，确认为人员误操作，及时将站场 ESD-3 级关断进行复位，恢复正常生产。

ESD-3 级关断的原因有：(1)大门或逃生门紧急关断按钮，直接引发 ESD-1；(2)手操台 ESD-1 按钮，直接引发 ESD-1；(3)阀组区两个火焰探测器同时报警，直接引发 ESD-1；(4)其他各火焰探测器报警，人工触发 ESD-3。

知识学习

ESD-3 关断(放空)恢复操作步骤：

(1)站场人员接到关断复位指令后进行复位操作；(2)关闭井口 11 号生产闸阀，关闭笼套式节流阀；(3)先推入手操台放空按钮，再按下放空复位按钮，最后按下手操台 ESD-3 复位按钮进行复位(如果是先进行的 ESD-3 关断再进行的放空关断，则需要先对相应的 ESD-3 关断触发源进行复位)；(4) 如果是手操台触发，则推入手操台 ESD-3 级关断按钮；如果现场 ASB 按钮触发，则到现场进行 ASB 手动复位；上述操作完成后，向区调度室汇报，执行调度指令；(5)现场将燃料气 ESDV 电磁阀进行复位，将燃料气 ESDV 打开；(6)关闭井口和外输放空区的 BDV；(7)在加热炉控制面板上进行复位操作，并重新启动加热炉；(8)按照井口控制柜操作规程将地面安全阀打开；(9)按照开井阀门状态确认表进行流程确认；(10)等待调度指令，准备开井。

边学边练

1. 出现 ESD-3 级泄压关断时，应首先查明原因，确认为人员误操作，及时将站场________级关断进行复位，恢复正常生产。

2. 大门或逃生门紧急关断按钮，直接引发________关断。

A. ESD-1　　B. ESD-2　　C. ESD-3　　D. ESD-4

3. 如何进行 ESD-3 关断(放空)恢复操作?

答：

普光 301-2 井关断故障处理

典型案例

2013 年 6 月 17 日 16：06，普光 301-2 井加热炉突然发生关断，二、三级节流阀关闭，加热炉停炉。值班人员查看加热炉就地控制柜面板，发现关断源为 PDAHH-205，即罐体压力变化高高关断。现场人员多次检测罐内未发现 H_2S 气体，对加热炉进行了复位启动后均发生关断，判断该罐体压力变送器故障，导致罐体压力数据出现跳变，从 0. 15kPa 跳变至 3. 16kPa，触发加热炉罐体压力变化频率超过 3kPa/s 关断，采取复位关断并将加热炉罐顶压变停运，重新开井，协调备件进行更换。

合规提示

对加热炉设备进行复位前，应该先在加热炉就地控制柜面板上查看关断原因，避免事故的扩大。

出现水箱压力超出 72. 14kPa 或水箱压力变化频率超过 3kPa/s 时关断时，应首先确认排除盘管泄漏的可能，再对加热炉进行复位。

知识学习

1. 拆压力变送器之前，必须将压力放掉，然后将端子柜内压力变送器的电源端子拔掉。

2. 拆压力变送器之前，应先擦拭干净变送器盖上的灰尘，雨水或油污。

3. 拆压力变送器防爆戈兰头时，先将压力卸掉，然后取下压力变送器表后盖，将压力变送器线头处理后，取下防爆戈兰头。

4. 拆压力变送器时，须用工具卡住表接头，旋下压力变送器。

5. 若暂时不装压力变送器，应把线头用绝缘胶布缠住，以免腐蚀。

边学边练

1. 对加热炉设备进行复位前，应该先在加热炉就地________上查看关断原因，避免事故的扩大。

2. 出现水箱压力超出________kPa 或水箱压力变化频率超过 3kPa/s 时关断时，应首先确认排除盘管泄漏的可能，再对加热炉进行复位。

A. 0. 7214　　B. 7. 214　　C. 72. 14　　D. 721. 4

3. 压力变送器拆卸操作注意事项有哪些？

答：

UPS 上电导致阀室通信中断故障处理

典型案例

2012 年 4 月 13 日，中控室值班人员发现 10#阀室通信中断，经分析当日 UPS 厂家在 10#阀室做 485 通信连接，完成接线后送电时，产生一个很大的冲击电流，SIS 机柜魏德米勒电源检测到输入电流过大，作出自我保护动作，触发 SIS 关闭，采取①BV 阀打到手动状态；②SIS 机柜复位；③合上阀室总电源，恢复正常。

合规提示

BV 阀有保位功能，即使停阀室总电源 BV 阀也不会自动关闭。当触发 ESD 后，重新恢复时 BV 阀会关闭。所以凡涉及 SIS 操作时必须将 BV 打到就地控制状态，在 UPS 送电时要密切观察 BV 状态。

知识学习

1. 就地开阀操作

(1)手泵开阀：将方向控制阀拉出，旋转到开位置；将复位旋钮转到平衡位置；手动压泵进行开阀操作，直到阀门顶部阀位指示器显示“开”状态。

(2)气动开阀：将方向控制阀拉出，旋转到自动位置；将复位旋钮转到平衡位置；将控制箱打开，按下开按钮直到阀门顶部阀位指示器显示“开”状态。

2. 就地关阀操作

(1)手泵关阀：将方向控制阀拉出，旋转到关位置；手动压泵进行关阀操作，直到阀门顶部阀位指示器显示“关”状态。

(2)气动关阀：将方向控制阀拉出一点，旋转到自动位置；将控制箱打开，按下关按钮进行关阀操作，直到阀门顶部阀位指示器显示“关”状态。

3. 远程操作

(1)阀室仪表间操作：将方向控制阀拉出，旋转到自动位置；在控制室 RTU 操作面板输入密码后直接进行开关阀操作。

(2)中控室操作：确认控制阀在自动位置，在人机界面进行开关阀操作。

边学边练

1. 手泵开阀时应先将方向控制阀拉出，旋转到________位置。

2. 气动开阀时应将方向控制阀拉出，旋转到________位置。

A. 开　　B. 关　　C. 自动　　D. 平衡

3. 如何进行阀室远程操作？

答：

超声波流量计无显示故障处理

典型案例

2012 年 4 月 26 日，M503 集气站超声波流量计现场和站控室均无显示。经测量 PCS 机柜给超声波流量计供电电压 23V 正常，而现场端子只有 5V，经排查后发现现场端子虚接，重新紧固接线端子后正常。

合规提示

外夹装式安装，把传感器安装处的壁面打磨干净，避免局部凹陷，凸出物修平，漆锈层磨净。

传感器与管线之间需加入足够的耦合剂，不能有空气和固体颗粒，以保证耦合良好。

知识学习

(1) 当流量计无显示时，检查电源是否打开，保险丝是否完好。

(2) 当流量计显示出错信息时，根据所显示的出错信息，分别予以解决。

(3) 当输出电流小于 4mA 时，检查是否为负流量，传感器电缆是否接反，零点设定是否正确。

(4) 当输出 4mA 不稳定时，检查介质是否稳定。传感器电缆或传感器振子是否有问题。

(5)当输出电流不稳定时，检查介质中是否存在空气泡或固体颗粒。是否为脉动流量；传感器电缆或传感器振子是否有问题。

边学边练

1. 外夹装式安装，把________安装处的管线外壁打磨干净，避免局部凹陷，凸出物修平，漆锈层磨净。

2. 传感器与管线之间需加入足够的________，不能有空气和固体颗粒，以保证耦合良好。

A. 耦合剂　　B. 密封胶　　C. 锂基脂　　D. 密封脂

3. 如何进行超声波流量计故障判断?

答:

硫化氢探头故障处理

典型案例

2012 年 8 月 1 日，D401 集气站火炬区硫化氢探头 AT02602，现场探头显示为 0ppm，上位机显示-19ppm，现场测得探头电压正常，回路电流-0.7mA。初步判定为探头零点和量程发生漂移，对探头重新进行量程设定、报警值设定以及重新标定零点后，问题未得到解决，故判断硫化氢探头损坏，更换新的探头，测得硫化氢探头回路电流为 3.99mA，上位机显示为 0ppm，重新标定后一切正常，问题得到解决。

合规提示

检测硫化氢探头前应检查确认现场无泄漏，固定式 H_2S 检测仪状态与站控室及中控室状态一致，检查确认标气瓶压力不低于 1MPa。

知识学习

检测硫化氢探头操作步骤如下：

(1)将固定式 H_2S 检测仪检测的时间、部位向所在基层单位调度和中控室汇报。

(2)卸掉待检测的固定式 H_2S 检测仪的防雨罩。

(3)将校准帽连接到 H_2S 检测仪的传感器上。

(4)软管一端与校准帽连接，另一端与减压阀连接。

(5)缓慢打开标气瓶上的针阀。

(6)待固定式 H_2S 检测仪界面所显示浓度稳定后，与站控室或中控室核对现场示值、远传示值及标气三者是否一致。

(7)观察并记录状态灯、PA/GA、报警喇叭等连锁系统的状态。

(8)如果示值不准确则用遥控器进行重新设置，然后重新标定。

(9)示值合格后，缓慢关闭标气上的针阀并卸掉软管阀。

(10)安装好固定式 H_2S 检测仪防雨罩，汇报并填写测试记录。

边学边练

1. 检测硫化氢探头前应检查确认现场无泄漏，固定式 H_2S 检测仪状态与________及中控室状态一致。

2. 检测硫化氢探头前检查确认标气瓶压力不低于________MPa。

A. 0.6　　B. 0.8　　C. 1.0　　D. 1.6

3. 检测硫化氢探头操作步骤有哪些？

答：

火炬区硫化氢探头误报故障处理

典型案例

2014 年 5 月 19 日，D401 集气站火炬区硫化氢探头不定时的发生报警(一天报警 10 次左右)，显示 15ppm，5s 后又恢复为零。经查线未发现接线问题，初步判断可能电磁干扰、探头损坏、零点漂移。重新对硫化氢探头进行标定；重新标定后，再无探头误报警的情况发生。

合规提示

硫化氢探头在一段时间后会出现零点漂移的现象，针对此类情况，应严格对集气站探头进行周期性检定，及时发现问题解决问题。

硫化氢探头发生零点漂移，会造成测量不准，应定期对硫化氢进行检定，当现场探头示数为 0，人机界面上出现±1 的漂移时，需要对输出电流信#进行零点漂移校准。

知识学习

零点漂移校准步骤：(1)点击 M 进入菜单，当界面显示(SETUP)，点击 E 进入设置界面。

(2)点击▼翻页，当界面显示(4~20mA)时，点击 E 进入标定界面。

(3)界面显示(CALIB)，点击 E 进入，对零点进行校准，4mA 对应 0%LEL。

(4)校准后，当出现(ACK)时点击 E 确定，然后点击 M，回到标定界面，当界面显示(EX?)，点击 E 保存设置。

边学边练

1. 硫化氢探头在一段时间后会出现________漂移的现象。

2. 硫化氢探头应进行________。

A. 周期性检定　　B. 不定期检定

C. 周期性抽检　　D. 不定期抽检

3. 零点漂移校准步骤是什么?

答:

可燃气体探头表头报警故障处理

典型案例

2014 年 2 月 21 日，13#阀室可燃气体探头显示红灯，数据显示 0%，中控室人机界面显示 0%，分析可能是信号不通，探头本身出现问题，对探头进行重新标定后，报警红灯消失，显示正常。

合规提示

当仪表使用较长时间，本身的电流会有细微误差，这时人机界面会出现-1 等细微的变化，这时需要对探头进行零点漂移标定。

知识学习

1. 可燃气体探测器是对单一或多种可燃气体浓度响应的探测器，当可燃气体浓度到达预算报警值时，会产生报警。

2. 红外光学型是利用红外传感器通过红外线光源的吸收原理来检测现场环境的碳氢类可燃气体，模拟信号 4~20mA 直流电，输出形成报警。

边学边练

1. 可燃气体探测器是可燃气体________响应的探测器，当可燃气体浓度到达预算报警值产生报警。

2. 红外光学型是利用红外传感器通过________光源的吸收原理来检测现场环境的碳氢类可燃气体，模拟信号 4~20mA 直流电，输出形成报警。

A. 红外线　　　　B. 紫外线

3. 可燃气体探测器工作原理是什么？

答：

感烟探头故障处理

典型案例

2014 年 7 月 20 日，巡线人员发现 $2^{\#}$阀室一个感烟探头工作指示灯不亮，拆开感烟探头接线盒，用万用表检测正负极及电流，显示有电流通过；测量串联电阻的阻值，达 4MΩ，确认为探头内串联电阻过大，对电阻进行了更换，恢复正常。

合规提示

1. 测试时未出现报警，首先检查机柜内供电是否正常，极性及接线是否正常，使用确认正常的感温传感器进行替换检测，确认是否损坏。

2. 测试时出现报警延迟，需检查传感器内部是否存在灰尘、油渍等，断电清理后再次进行检查。

知识学习

散射光电式感烟探测器的发光二极管和光电元件设置的位置不是对应的，光电元件设置在多孔的小暗室里，无烟雾时，光不能射到光电元件上，电路维持正常状态，当发生火灾时，有烟雾进入探测器，光通过烟雾粒子的反射或散射到达光电元件上，则光信号转换成电信号，经放大电路放大后，驱动自动报警装置发出报警信号。

边学边练

1. 测试时未出现报警，首先检查检查________，使用确认正常的感温传感器进行替换检测，确认是否损坏。

2. 测试时出现报警延迟，需检查传感器内部是否存在________等，断电清理后再次进行检查。

A. 灰尘　　　　B. 油渍　　　　C. 灰尘油渍

3. 感烟探头工作原理是什么？

答：

普光302-1井油压异常

典型案例

2010年5月26日，普光302集气站值班人员发现SCADA人机界面显示压力数据慢慢升高，到现场查看发现压力表及压力变送器现场数据正常。打开现场压力变送器后盖后，有水从表头内流出，当水流完后，再核对人机界面和现场数值，发现数据恢复正常。

合规提示

1. 拆压力变送器之前，必须将压力放掉，然后将端子柜内压力变送器的电源端子拔掉。

2. 拆压力变送器之前，应先擦拭干净变送器盖上的灰尘，雨水或油污。

3. 拆压力变送器防爆戈兰头时，先将压力卸掉，然后取下压力变送器表后盖，将压力变送器线头处理后，取下防爆戈兰头。

4. 拆压力变送器时，须用工具卡住表接头，旋下压力变送器。

5. 若暂时不装压力变送器，应把线头用绝缘胶布缠住，以免腐蚀。

知识学习

压力变送器应保持铭牌、表头的清楚、明晰，经常擦拭，防锈；各部件应配装牢固，不应有松动、脱焊或接触不良等现象；防爆戈兰头处密封，防止进水，及时除锈，通电时，不得在爆炸性环境下拆卸变送器表盖。

边学边练

1. 拆压力变送器之前，必须将________放掉，然后将端子柜内压力变送器的电源端子拔掉。

2. 拆压力变送器时，压力变送器根部控制阀门处于________状态。

A. 全开　　　　B. 全关

C. 半开半关　　　　D. 自动

3. 压力变送器的维护保养内容主要有哪些?

答:

压力变送器解堵憋压关断

典型案例

2011 年 4 月 13 日集气总站值班人员发现$3^{\#}$生产线进站压力变送器示值偏低，中控室内操人员在没有做好超驰的情况下，指令外操人员进行压力变送器解堵操作，解堵时压力变送器压力低于 7MPa，导致$3^{\#}$线进站 ESDV 联锁关断，引发$3^{\#}$生产管线憋压，普 301、普 302、普 303 集气站相继关断停产半小时，影响产量 $20\times10^{4}m^{3}$。

合规提示

1. 集气总站进站压力高报警值是 8.20MPa；高高报警值是 8.50MPa；低报警值是 7.60MPa；低低报警值是 7.00MPa。

2. 集气总站酸气管线上压力变送器共有 6 个，分别安装在管线的$1^{\#}$进气管线、$2^{\#}$进气管线、$3^{\#}$进气管线、$4^{\#}$进气管线、外输东区、外输西区。

知识学习

1. 操作时必须穿戴防护器具，且有专人监护。

2. 在开关针阀过程中切忌猛开、猛关。

3. 解堵设备为参与控制连锁的压力变送器，一定要在人机界面将其超驰，防止引起意外关断。

4. 操作人员在进行解堵操作时，要站立在上风口，切忌半蹲姿势。

5. 缓开放空针阀未解通时，应关闭放空针阀，用开水重新进行浇注解堵。

6. 高低压限位阀和压力变共用一个管台时，解堵前先将高低压限位阀取压针阀关闭，解堵完成后恢复。

边学边练

1. 进站压力高报警值是________MPa；高高报警值是________MPa；低报警值是________MPa；低低报警值是________MPa。

2. 集气总站酸气压力变送器在管线上共有 6 个，分别安装在管线的 1#进气管线、2#进气管线、3#进气管线________。

A. 4#进气管线　　B. 外输东区

C. 外输西区　　D. 以上都是

3. 压力变送器解堵中应注意些什么？

答：

刷漆关阀导致3#生产线憋压关断

典型案例

2011年8月30日，集气总站职工在对3#生产线进站电动球阀护套刷漆保养，由于背戴正压式空气呼吸器气瓶勾了一下阀门执行机构上的电动开关旋钮，导致3#生产线进站电动球阀关闭，进而引发3#生产线憋压关断。

合规提示

1. 每次操作完毕应将执行机构的状态控制旋钮处于“stop控制”状态。

2. 电动阀门执行机构上有两个旋钮，分别是状态控制旋钮、电动开关旋钮。

3. 状态控制旋钮有3个控制状态，分别是远程控制状态、就地自动控制状态和就地手动控制状态。

知识学习

佩戴正压式空气呼吸器时应做到：

1. 将面罩颈带挂在颈部，使面罩正好处于胸前，便于下一步在最短时间内佩戴。

2. 瓶底朝向自己，两手握住两侧把手。将呼吸器举过头顶，使肩带落在肩上；将气瓶牢固地放置于背部。

3. 将面罩套入脸部，调整下颌处头带，依次调整太阳穴、顶部头带。

4. 用手心将进气口堵住、吸气、面罩内应无气流流动。

5. 将供气阀和面罩连接。

6. 深吸一口气将供气阀打开。

7. 两手协调操作，插好腰带扣。

8. 两手协调操作拉紧肩带。

9. 两手协调操作，插好腰带扣。

边学边练

1. 电动阀门执行机构上有（两个）旋钮，分别是____________________、____________________。

2. 状态控制旋钮有________控制状态，当我们每次操作完，就将控制旋钮在 stop 状态。

A. 远程　　　　　　B. 就地自动

C. 就地手动　　　　D. 以上都是

3. 如何佩戴正压式空气呼吸器？

答：

高压气窜入气提塔来水低压管线

典型案例

2011 年 12 月 15 日，总站内操值班人员发现人机界面污水气提塔压力急剧上升，内操人员迅速触发 ESD-3 停止，停止 $2^{\#}$、$3^{\#}$分离器排液，塔压有所回落，但仍远高于塔压高报值，判断为净化厂来水窜气，联系净化厂关闭问题阀门后，恢复正常。

合规提示

气提塔的工作压力是 0.5MPa 左右。

气提塔在设备正常运行的情况下，压力异常升高多为总站分离器排空来水中含有高压气体或净化厂来水含有高压气体两种原因引起。

知识学习

1. 污水气提塔投运前应检查确认管路系统无外漏。
2. 检查确认仪表风和氮气压力在 0.6~0.8MPa。
3. 检查确认仪表运行正常。
4. 检查确认现场仪表控制盘处于运行状态。
5. 检查确认安全阀进出口阀门处于开启状态。

6. 检查确认橇块内旁通阀门处于关闭状态。

7. 确认污水站进水流程已导通。

8. 检查确认低压火炬分液罐已投运。

边学边练

1. 气提塔的工作压力是________MPa 左右。

2. 高含硫天然气在进气提塔前是先进________后，经泵打到________。

A. 缓冲罐　气提塔　　　B. 气提塔　缓冲罐

C. 缓冲罐　排污池　　　D. 缓冲罐　分离器

3. 污水气提塔投运前应检查的内容主要有哪些？

答：

燃料气管线压力升高

典型案例

2012 年 1 月 24 日，集气总站内操值班人员发现人机界面净化厂返输燃料气压力高报警，压力为 3. 7MPa，且不断上升，而外输流量显示正常，判断为净化厂来气压力异常，经汇报检查确认净化厂返输总站燃料气的调压阀失效，净化厂工作人员现场手动调节压力，导致压力波动，净化厂处理调压阀后，恢复正常。

合规提示

1. 返输燃料气在总站燃料气调压撬正常运行且外输流量和压力均正常的情况下，压力异常升高多是上游来气异常导致。

2. 经集气总站燃料气调压 3. 3MPa 后，向普光气田的所有集气站经燃料气分配橇块供火炬的长明灯、仪表风、管线置换、加热炉和发电机组的燃料气等。

知识学习

燃料气撬块操作前应按照阀门状态确认表确认阀门状态，站控系统压力、流量、气动球阀阀位显示与现场相同，检查确认过滤器和分离器的差压仪表导压管路连接完好，表盘示值在 50kPa 以下。

边学边练

1. 经集气总站调压后的燃料气压力为________MPa 向下游供气。

2. 集气站燃料气主要用在________加热炉和发电机组的燃料气等。

A. 火炬的长明灯　　B. 仪表风

C. 管线置换　　D. 以上都是

3. 燃料气撬块操作前应主要检查哪些内容？

答：

更换4#线电阻探针硫化氢泄漏事件

典型案例

2012年4月16日清管班到集气总站更换1#、2#、3#、4#线电阻探针，4#线卸松电阻探针顶部丝堵后发现硫化氢泄漏，4#线所有集气站停产，从集气总站对4#线放空后，检查发现4#电阻探针安装与管线内部接触未紧固，导致探针更换时顶部丝堵卸松后下部密封不严，造成泄漏发生，更换电阻探针，现场恢复正常。

合规提示

1. 现场人员要作好个防护，迅速正确佩戴正压式空气呼吸器和便携式硫化氢检测仪。

2. 探针底部没有上紧，密封不严会导致硫化氢泄漏。

知识学习

1. 上紧锁定销时，如果只上了1/3圈突然卡住或很容易拧动(4~5圈)，没有任何阻力，这说明实心旋塞位置不正确。需要松动所有锁定销，返回到重新安装实心旋塞和探针，并检查安装过程中存在的问题。锁定销拆卸不能拆卸过多，同时，操作时在锁定销侧面操作，防止锁定销喷出伤人。

2. 取出探针操作时，若将液压泵方向阀打到“port A(取回)”位置打压超过管线压力 10MPa，仍然不能关闭伺服阀上的球阀，应将探针重新安装进管道内，更换新的取放器进行操作或者留待管道内无压力时再进行检查。

3. 操作者随时检查操作管线压力变化，否则会导致泄漏并伴有危险。

4. 在上紧锁定销的操作过程中，首先依次上 4 个锁定销到位置，但不要上紧，然后先对角上紧 2 个锁定销，再对角上紧另外 2 个锁定销，之后再重复上紧操作两遍。

边学边练

1. 现场人员要作好个防护，迅速正确佩戴________和________。

2. 进入生产现场人员________人操作，另________人监护。

A. 1　1　　　　B. 1　2

C. 2　1　　　　D. 2　2

3. 硫化氢泄漏事件的原因是什么？

答：

高级孔板阀上压盖密封圈刺漏

典型案例

2012年6月18日集气总站外操正常巡检，在$2^{\#}$高级孔板阀处听到有异常气流声音，对孔板阀进行验漏检测，发现$2^{\#}$高级孔板阀上压盖密封圈刺漏，现场浓度651×10^{-6}。启动应急预案，更换密封圈后恢复正常。

合规提示

1. 高级孔板阀上压盖密封圈是防止天然气渗漏的重要部件，选择标准规格的密封圈正确安装才可防止高级孔板阀上压盖渗漏。

2. 安装密封圈时，要安装到位，紧固高级孔板阀上压盖螺栓要对称均匀用力。

知识学习

1. 操作时必须穿戴防护器具，且有人监护。

2. 打开孔板阀放空阀时需缓慢操作，防止液体喷溅。

3. 拧松顶丝后，使用导板轻微顶开压盖，确认上阀腔内无残余气体，方可进行下步操作。

4. 拧松和上紧顶丝、取出和放入导板时应侧面操作。

5. 导板取出后应立即清洗，并及时对阀腔其进行喷淋。

边学边练

1. 安装密封圈时，要__________。

2. 紧固高级孔板阀上压时________。

A. 从一端依次上紧

B. 从中间向一边

C. 对称均匀用力

D. 以上答案都是

3. 高级孔板阀上压盖泄漏的原因是什么？

答：

节流阀力矩跳断故障

典型案例

2010年1月27日，P201-4#在开井，调节二、三级节流阀开度时，发现二、三级节流阀间压力在15MPa(井口压力19MPa)，且流量无变化，站控室二级节流阀开度35%，现场开度80%，节流阀面板显示'TORQUE CLOSE'报警，节流阀力矩跳断。采取调小一级节流阀开度，将井口压力降至15MPa，二级节流阀打到就地状态，电动快速打开节流阀开度至100%，吹扫一段时间后节流阀开度至40%，观察无力矩跳断，节流阀恢复正常。

合规提示

1. 节流阀被污物堵塞，在开关过程中力矩增大超过设定力矩值，就会发生力矩跳断情况，节流阀操作后应观察工艺参数的变化情况，发现问题现场人员应立即进行故障处理。

2. 由于"就地自动操作"阀位调节难以准确控制，在生产过程中，除非"远程操作"和"就地手轮操作"失灵，否则不要执行该操作。

3. 现场操作节流阀时，站控室依据二、三级节流阀上下游压力确定二、三级节流阀开度，并与现场人员保持联系。

知识学习

1. 节流阀就地手轮操作：

(1)旋转执行机构上的红色旋钮至就地位置；

(2)压下手柄，逆时针(顺时针)旋转手轮，使之挂上离合器；

(3)转动手轮执行开阀(关阀)操作，直至达到要求；

(4)与站控室或中控室核对节流阀开度。

2. 节流阀就地自动操作：

(1)旋转执行机构上的红色旋钮至就地位置；

(2)旋转黑色旋钮调整开度(顺时针旋转为关阀，逆时针旋转为开阀)；

(3)当开度达到要求值时旋转红色旋转按钮至“STOP”(停止)位置；

(4)与站控室或中控室核对节流阀开度。

3. 节流阀远程操作：

(1)旋转执行机构上的红色旋钮至远程位置；

(2)进入 SCADA 系统工程师管理权限；

(3)在人机界面上点击节流阀图标，进入节流阀阀位设定对话框；

(4)按需求进行阀位设定，并确认。

边学边练

1. 节流阀被污物堵塞，在开关过程中力矩增大超过设定力矩值，就会发__________情况。

2. 二、三级节流阀有________操作模式。

A. 远程操作　　　　B. 就地自动操作

C. 就地手轮操作　　D. 以上答案都是

3. 如何进行二、三节流阀远程操作？

答：

加热炉节流阀开度不准确

典型案例

2009年12月15日，P106集气站氮气气密过程中，发现压力降得非常快，节流阀给出了0%的开度，还能听到气流声。二级节流阀内漏严重，检查发现节流阀执行机构面板的开度总是比人机界面所给定开度小3%左右。通过Rotork遥控器进入阀位设置界面后发现：该阀门的CLOSE ACTIVE(关阀方式)被设置为CLOSE ON LIMIT(限位关阀)，该执行机构的Deadband(死区)设置为3%，太大，导致执行机构开度与SCADA所给值有差异。通过将关阀方式设置为“力矩关”。将死区调小的方式，节流阀恢复正常。

合规提示

加热炉节流阀执行机构内置程序关系阀门的控制方式与精度，其组态信息(Config Setup)一定要设置正确。

在对节流阀进行各种参数设置时要先将其转换到就地或者停止模式。

知识学习

1. 关阀方式设置为“力矩关”：用 Rotork 遥控器进入设置界面后，输入密码 1D，进入编辑模式，再按箭头指示进入 Basic Setup 后，依次进入 CLOSEWISE 后按左右键切换到 CLOSE ACTIVE，进入选择 CLOSE ON TORQUE，选择完成后确认即可。

2. 死区调小：用 Rotork 遥控器进入设置界面后，输入密码 1D，进入编辑模式，再按箭头指示进入 Config Setup，一直往下直至进入 Fd 栏(Deadband)，按+或者-号，将死区调整为一个小点的数值即可，如 0.5%。

边学边练

1. 加热炉节流阀执行机构内置程序关系阀门的控制方式与________，其组态信息(Config Setup)一定要设置正确。

2. 在对节流阀进行各种参数设置时要先将其转换到________。

A. 就地模式　　　　B. 停止模式

C. 就地或者停止模式　　　　D. 远程模式

3. 如何调节流阀死区数值?

答：

P105-1 井加热炉 ESDV 阀关闭故障

典型案例

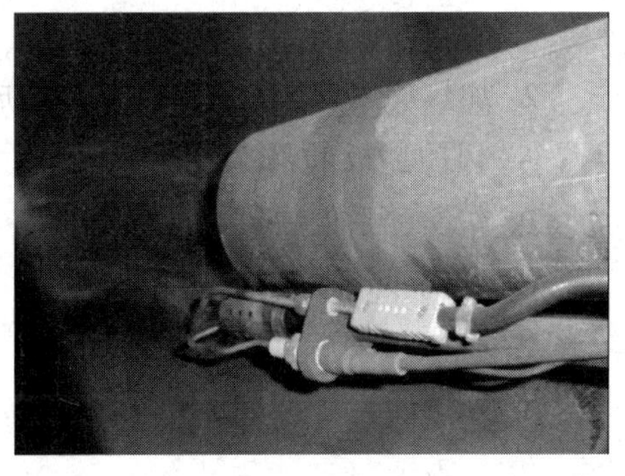

P105-1 井加热炉运行出现 ESDV 在无报警情况下自动关闭，5min 内又自动重启的现象，现场观察发现加热炉在 ESDV 自动关闭后，长明火熄灭，系统重新进行点火流程，然后再重新打开 ESDV，重复出现。检查发现加热炉 TC 探头位置不固定，长明火被主燃料气吹离 TC 探头，导致系统误认为长明火点火不成功，关闭 ESDV 重新点火。通过对加热炉点火棒上 TC 探头安装位置进行调整紧固加热炉运行正常。

合规提示

1. 加热炉风门挡板未调节到位，炉头喷嘴处缺氧；炉头设计存在问题；加热炉烟道有堵等原因都会造成加热炉燃烧效果不好。

2. 加热炉燃烧系统会引起管线的震动，影响加热炉一些敏感性较强的部件，因此需固定对加热炉接线、探头位置等进行检查维护。

知识学习

加热炉出现以下情况时会造成关断：(1)加热炉筒体压力超出72.14kPa；(2)水箱压力变化频率超过3kPa/s；(3)加热炉水箱内水液位到达或超过95%；(4)水箱液位低于45%；(5)水箱温度达到或超过115℃；(6)一级盘管压力达到关断点；(7)二级盘管压力达到关断点。

边学边练

1. 加热炉TC探头________，会导致系统误认为长明火点火不成功，关闭ESDV重新点火。

2. 加热炉________等原因都会造成加热炉燃烧效果不好。

A. 风门挡板未调节到位

B. 炉头喷嘴处缺氧

C. 炉头设计存在问题

D. 加热炉烟道有堵

3. 加热炉关断的主要原因有哪些？

答：

火炬长明灯熄火报警故障

典型案例

2009 年 12 月 8 日，P305 集气站人机界面火炬标识在闪动，显示火炬长明灯熄火报警，从窗户观察火炬处于燃烧状态。到火炬塔查看火炬控制盘上的指示灯，发现 2 号控制回路亮红灯，2 号回路有故障。经技术人员检测发现保险烧坏，将烧坏的保险管进行更换后恢复正常。

合规提示

1. 火炬主要由塔架、筒体和火炬头构成，塔架固定筒体，筒体连接集气站放空管线，火炬头进行打火和长明火燃烧作用。

2. 火炬头上有两个长明灯，分别是两路点火装置。当有一路出现故障时，站控室都会显示长明灯熄火报警，在 SCADA 系统上火焰的标志是长明灯的状态反馈，状态反馈线路故障导致报警。

知识学习

火炬点火控制盘保险管烧坏，点火棒损坏或位置偏移，长明灯燃料气供应不正常等会出现熄火报警。

边学边练

1. 火炬主要由塔架、筒体和火炬头构成，塔架固定筒体，筒体连接集气站放空管线，火炬头进行打火和长明火燃烧作用。

2. 火炬头上有________个长明灯，分别是________路点火装置。

A. 1　1　　B. 2　2

C. 3　3　　D. 4　4

3. 火炬长明灯出现熄火报警原因主要有哪些？

答：

浮筒式液位计堵塞

典型案例

集气总站浮筒式液位计液位示值失真，经检查为分离器内沉积物过多造成的，对分离器进行冲砂作业后，该浮筒式液位变送器恢复正常。

合规提示

1. 管线中输送的是酸性天然气，天然气中含有大量的液固体杂质，同时硫沉积严重，会造成浮筒式液位计堵塞。

2. 针对浮筒式液位计堵塞问题，需要周期性对分离器进行冲砂操作。

3. 清洗浮筒式液位计应注意：(1)操作前必须穿戴个人防护用具，且有人监护。(2)用铁丝掏出浮子的过程中必须轻缓，避免划伤浮子表面。(3)排放液位计浮筒内的残液过程中要用水桶盛装，避免废液流出污染环境。(4)安装浮子的过程中要注意浮子的上端与下端，避免装反。(5)安装完成后必须检查确认没有泄漏，人员方可离开。

知识学习

浮筒液位计的主要故障原因有：(1)浮筒内有积垢，影响机械力传动，导致液位显示不准；(2)机械连杆(浮筒力臂和扭力管)变形、松动、腐蚀，导致标定不成功。

边学边练

1. 酸性天然气中含有大量的液固体杂质，会造成浮筒式液位计________。

2. 针对浮筒式液位计堵塞问题，需要________对分离器进行冲沙操作。

A. 每天　　B. 每周

C. 定期　　D. 不定期

3. 浮筒液位计的主要故障原因有哪些？

答：

阀门状态导致误操作引发关断

典型案例

2010年7月28日P104到P102管线进行批处理，流程切换过程中，关闭P104外输球阀，将104-1井流程导入P104至P102发球筒发球，P104-1井出站球阀关闭后，开关牌未及时翻到“关”。清管器发出后，在外输球阀没打开的情况下，先关闭了P104-P102发球筒出站球阀，后开P104-1井外输出站球阀使整个系统瞬间憋压，外输压力超过关断压力，造成P104-1井三级关断。关断后立刻到井口对P104-1井进行关井，关井后立刻打开P104-1井出站球阀对P104-1井进行复产后恢复正常。

合规提示

1. 阀门开关状态改变后要及时更换阀门开关指示牌。

2. 安全阀启跳后未正常回座，则手动关闭安全阀根部闸阀，并汇报调度，并按调度指令执行操作。

3. 打开地面安全阀之前，务必要将井口11号闸阀和笼套式节流阀关闭。

4. 加热炉进行复位后，检查确认现场二、三级节流阀开度恢复至关断前开度值。

5. 如遇ESDV无法正常复位时，可先手动打开ESDV，观察阀位状态并汇报区调度，技术人员迅速至现场处理故障。

知识学习

ESD-3 关断(不放空)恢复前检查:

1. 在站控人机界面 ESD-3 级关断界面中查找关断触发源。

2. 检查确认现场外输 ESDV、地面(井下)安全阀、井口 BDV、外输 BDV、燃料气 ESDV、加热炉等状态符合集气站 ESD-3 级关断状态。

3. 检查确认现场流程压力处于正常范围内，如达到安全阀起跳压力，检查确认安全阀正常起跳、并且正常回座。

4. 检查确认现场有毒气体探测器和可燃气体探测器无报警，状态指示灯为绿色，无报警喇叭报警。

边学边练

1. 阀门开关状态改变后要________阀门开关指示牌。

2. 对加热炉进行复位后，检查确认现场开度恢复至关断前开度值。

A. 一级节流阀　　B. 二级节流阀

C. 三级节流阀　　D. 二、三级节流阀

3. ESD-3 关断(不放空)恢复前检查内容主要有哪些?

答:

自控系统误操作导致关断

典型案例

2010年3月29日值班人员对P104-2井井口压力表解堵时，将ESD-2界面井口三个硫化氢探头打到超弛允许状态，解堵完毕，值班人员对ESD-2界面进行打回超弛禁止状态时，界面出现蓝屏现象，于是单击界面空白处进行恢复时，移动鼠标单击时粗心大意的点击到ESD-2关断的触发按钮，随即触发了井场的二级关断。

合规提示

1. 操作时必须穿戴防护器具，且有人监护。

2. 在执行关断复位前，务必要将关断的原因查找清楚。

3. 对加热炉复位时，务必确保二级节流阀和三级节流阀间的压力低于19MPa，才能复位成功。

4. 打开地面安全阀之前，务必将井口11号闸阀和笼套式节流阀关闭。

5. 若安全阀启跳后未正常回座，则手动关闭安全阀根部闸阀，并汇报调度，并按调度指令执行操作。

知识学习

1. 人机界面触发 ESD-2 关断方式。

(1)将人机界面权限切换为“mngr”；

(2)点击“站场 ESD-2 关断示意图二”界面，将“ESD3 停止”按钮置于“ESD3 启动”状态，执行关断；

(3)确认现场外输 ESDV、燃料气 ESDV 关闭状态，符合集气站 ESD-2 级(保压)关断结果。

2. 人机界面触发 ESD-2 关断恢复方式。

(1)将人机界面权限切换为“mngr”；

(2)点击“站场 ESD-2 关断示意图二”界面，将“ESD3 启动”按钮置于“ESD2 停止”状态；

(3)按一下站控室 ESD-2 关断复位按钮；

(4)确认集气站 ESD-2(保压)关断复位成功，关断信号已消除。

边学边练

1. 人机界面触发 ESD-2 关断应首先进行权限切换，将人机界面权限切换为________。

2. 集气站 ESD-2 级(保压)关断后，确认现场外输________、燃料气 ESDV 关闭状态。

A. ESDV　　B. BDV　　C. BV　　D. XV

3. 如何进行人机界面触发 ESD-2 关断恢复操作？

答：

站外人员误操作导致关断

典型案例

2010 年 4 月 14 日 19：16，P201 站站控室值班人员发现站控室 SCADA 系统一级关断报警，手操台一级关断报警输出，站场发生 ESD-1 关断，值班人员发现一级关断报警后迅速查找一级关断原因，从视频监控中发现当地小孩出现在 P201 井口区，在一号逃生门处触发 ESD-1 按钮，随后迅速翻出一号逃生门。找到触发关断原因并超驰后迅速佩戴好空呼进入现场复位，20：23 开井完成。

合规提示

1. 操作时必须穿戴防护器具，且有人监护。

2. 在执行关断恢复前，务必将关断原因及自控阀门状态记录清楚。

3. 打开地面安全阀之前，一定要确保井口 11 号闸阀和笼套式节流阀关闭。

4. 如果此次关断导致长明灯熄灭，且无法自动点燃，则需到火炬区对长明灯进行手动点火操作。

5. 当站内酸气管道压力小于外输压力 1MPa 以上时，禁止打开外输 ESDV。

6. 加大对附近居民的安全宣传力度，尤其对学生的宣传工作。

知识学习

1. ASB 按钮触发 ESD-1 关断方式：

(1)打开 ASB 按钮保护盖，将 ASB 按钮按下；

(2)确认现场外输 ESDV、进站 ESDV、燃料气 ESDV 关闭状态，符合集气站 ESD-1 级关断结果。

2. ASB 按钮触发 ESD-1 关断恢复方式：

(1)将现场 ASB 按钮拔出；

(2)按一下 ESD-1 复位按钮；

(3)确认集气站 ESD-1 关断复位成功，关断信号已消除。

边学边练

1. 进行 ASB 按钮触发 ESD-1 关断的方式为打开 ASB 按钮保护盖，将 ASB 按钮______。

2. 集气站 ESD-1 级关断后，确认现场外输________、进站 ESDV、燃料气 ESDV 关闭状态。

A. ESDV　　B. BDV　　C. BV　　D. XV

3. 如何进行 ASB 按钮触发 ESD-1 关断恢复操作？

答：

检修设备误操作导致关断

典型案例

P102 集气站计量分离器仪表风进口丝扣式法兰渗漏，采取停计量分离器仪表风，将生产天然气导入背压阀旁通维修处理。操作时一人停计量分离器仪表风，另外两人同时开计量分离器背压阀旁通，由于背压阀旁通阀门开启困难，导致上游管线压力升高触发三级关断。现场人员关闭井口笼套式节流阀和 11 号闸阀，对管线进行卸压-复位-开井操作，并对计量分离器仪表风进口丝扣式法兰进行维修恢复仪表风供气，投用背压阀，恢复流程。

合规提示

该操作应先打开背压阀旁通流程，确认背压阀旁通闸阀全开后，再停用计量分离器仪表风，这样可以防止背压阀关闭，导致上游管线压力升高触发三级关断。

知识学习

1. 自动触发 ESD-3 级关断原因：

(1)井口压力到达高高低低、井口分离器液位到达低低等自动触发相关逻辑；

(2)关断发生后应确认现场阀门状态与 ESD-3 触发结果一致。

2. 自动触发 ESD-3 级关断复位操作：

(1)将人机界面权限切换为“mngr”；

(2)相应报警信号消失，或者按指令将其超弛，点击“ESD3 复位”按钮。

边学边练

1. 维修计量分离器仪表风进口丝扣式法兰渗漏，应先打开背压阀旁通流程，确认背压阀旁通闸阀________后，再停用计量分离器仪表风。

2. 自动触发 ESD-3 级关断原因主要有________等自动触发相关逻辑。

A. 井口压力到达高高

B. 井口压力到达低低

C. 井口分离器液位到达低低

D. 以上都是

3. 如何进行自动触发 ESD-3 级关断复位操作？

答：

系统不完善误操作导致关断

典型案例

2010 年 4 月 6 日 P301-3 井在调产过程中，站控室操作人员在进行人机画面操作中，鼠标误撞击到键盘的 3 号键和回车键，导致二级节流阀开度减小到 3%，开度过小，造成井口压力过高触发 ESD 关断，值班人员立即进行应急处理后恢复正常生产。

合规提示

1. 在调产过程中，外操人员须注意一级节流阀后的压力变化，并及时反馈给操作节流阀的人员。

2. 一级节流后压力 19~28MPa，二级节流后压力 11~19MPa，避免超压或节流过大。

知识学习

1. 人机界面触发 ESD-3 级关断原因：

(1)将人机界面权限切换为“mngr”；

(2)在集气站 ESD-3 关断示意图中点击相应“ESD-3 停止”按钮，将其置于“ESD3 启动”状态；

(3)关断发生后应确认现场阀门状态与 ESD-3 触发结果一致，并做好相关记录。

2. 人机界面触发 ESD-3 级关断复位操作：

(1)将人机界面权限切换为“mngr”；

(2)在集气站 ESD-3 关断示意图中点击相应“ESD-3 停止”按钮，将其置于“ESD3 停止”状态；

3. 现场打开 ESDV，并做好相关记录。

边学边练

1. 人机界面触发 ESD-3 级关断时应先将人机界面权限切换为“________”。

2. 一级节流后压力 19~28MPa，二级节流后压力为________MPa，避免超压或节流过大。

A. 8~10　　B. 8~19　　C. 11　　D. 11~19

3. 如何进行人机界面触发 ESD-3 级关断复位操作？

答：

去计量汇管 XV 关阀阀位状态不明

典型案例

2010 年 1 月 10 日 P102-1 去计量汇管 XV，远程关阀时阀位状态不明，开阀时阀位正常。检查发现 XV 关阀时阀位信号没有传至站控室机柜，检查 XV 阀位接线盒内有水迹，清除水迹，紧固阀位接线盒螺栓，检查内部无异常后测试，XV 阀位状态恢复正常。

合规提示

1. 防爆接线盒使用后应紧固阀位接线盒螺栓，防止雨水进入。

2. XV 在需要转入仪表风供应动力的情况下，逆时针旋转两端手轮直到旋转不动为止，并打开仪表风供应阀门。

3. 操作完阀门后，应与站控室核对 XV 现场与人机界面状态。

知识学习

1. 就地开 XV。

(1) 逆时针旋转气缸左手轮直到旋不动为止。

(2) 顺时针旋转气缸右手轮直到阀位指示器显示全开。

2. 就地关 XV。

(1)逆时针旋转气缸右手轮到旋不动为止。

(2)顺时针旋转气缸左手轮直到阀位指示器显示全关。

3. 远程开 XV。

(1)在人机界面上点击阀门，在弹出的开关对话框内选择“手动模式”。

(2)选择开命令，阀门全开。

4. 远程关 XV。

(1)在人机界面上点击阀门，在弹出的开关对话框内选择“手动模式”。

(2)选择关命令，阀门全关。

边学边练

1. 防爆接线盒使用后应紧固________，防止雨水进入。

2. XV 在需要转入仪表风供应动力的情况下，________旋转两端手轮直到旋转不动为止，并打开仪表风供应阀门。

A. 向前　　B. 向后　　C. 逆时针　　D. 顺时针

3. 如何远程操作 XV？

答：

井口 BDV 阀自动打开

典型案例

2010 年 6 月 12 日，P201-5 井口 BDV 自动打开。现场检查发现 BDV 油压管路泄漏，油压压力下降导致 BDV 自动开阀，坚固油压管路漏油部位，观察油压没有较快速下降后，BDV 恢复正常。

合规提示

1. 加强巡检，发现液压下降时及时查找原因处置，维修液压系统应在卸压情况下进行。

2. BDV 投运后应确认跳闸阀处于解除锁定状态。

3. 操作时通过观察顶部阀杆位置确定闸板阀开关位置。

知识学习

1. 伍德 BDV 手动关阀：手动将跳闸阀置于自锁位置，然后手动压油直到顶部指示器指示关闭(液压值约为 1000~2500psi)。

2. 伍德 BDV 手动开阀：方法一：敲碎阀门执行器前面的玻璃，拉出按钮；方法二：用力将手动跳闸阀推到跳闸位置，并保持，直到闸板阀完全打开。

边学边练

1. 加强巡检，发现液压下降时及时查找原因处置，维修液压系统应在________情况下进行。

2. 伍德 BDV 手动关阀后，液压值约为________psi。

A. 1000~2500　　B. 3000~5000

C. 4000~5000　　D. 6000~8000

3. 如何进行伍德 BDV 手动开阀操作？

答：

节流阀堵塞导致关断

典型案例

2010 年 2 月 28 日，P303-1 井口一级节流后压力从 21.71MPa，快速上涨至 30.77MPa，出现井口压力高高报警，触发 P303-1 井 3 级关断，二级节流阀发生力矩跳断，采取放空吹扫解堵无效，对该节流阀进行拆卸清洗后恢复正常。

合规提示

1. 操作时不得面向手轮方向站立，应在手轮侧面进行操作。

2. Cameron 采气树节流阀最大刻度为 62；FMC 采气树节流阀和神开采气树节流阀最大刻度为 128，操作时不能超过这个最大值。

知识学习

1. 井口节流阀开阀操作：

(1)逆时针旋转阀杆固定销，将阀杆解除锁定；

(2)逆时针缓慢开启笼套式节流阀；

(3)当阀门关闭到位后，回转 1/4 圈；

(4)顺时针旋转阀杆固定销，将其阀杆固定。

2. 井口节流阀关阀操作：

(1)逆时针旋转阀杆固定销，将阀杆解除锁定；

(2)顺时针缓慢关闭笼套式节流阀；

(3)当阀门关闭到位后，回转 1/4 圈；

(4)顺时针旋转阀杆固定销，将其阀杆固定。

边学边练

1. 操作时不得面向手轮方向站立，应在手轮侧面进行操作。

2. FMC 采气树节流阀和神开采气树节流阀最大刻度为________，操作时不能超过这个最大值。

A. 62　　B. 124　　C. 64　　D. 128

3. 如何进行井口节流阀开阀操作？

答：

集气总站 $3^{\#}$ 线切换流程憋压故障

典型案例

2010年4月2日下午，集气总站更换 $3^{\#}$ 分离器计量孔板时，将 $3^{\#}$ 线的天然气倒进 $1^{\#}$、$2^{\#}$ 分离器进行计量，并停用 $3^{\#}$ 分离器。作业完成后，进行恢复流程操作，外操人员先打开 $3^{\#}$ 分离器后的电动闸阀，再打开分离器进口闸阀，当开度开至9%时，去关闭 $2^{\#}$、$3^{\#}$ 线间连通阀，连通阀关闭后，又来到分离器进口闸阀前进行确认。此时中控室内操人员发现 $3^{\#}$ 线压力升高，阀门开度只有10%，且显示"硬件故障"，通知外操人员，外操人员立即将电动闸阀红色选择旋钮旋回"停止"状态，再旋至"现场"状态，然后操作黑色开关旋钮，将电动闸阀打开，确认后离开现场。

合规提示

严格执行"一人操作、一人监护"的管理制度，电动闸阀没有打开前不要离开，监护人员在操作人员操作完成后要及时进行确认。

现场操作时，中控内操人员要严密监视各项生产参数的变化情况，发现异常时，要及时提醒外操人员进行相应的确认处理。

知识学习

电动压力调节器手动操作：切断电源，将电动驱动装置的离合器操作杆扳到

“手动”位置，转动手轮使之与离合器啮合后，松动操作杆。

电动压力调节器就地操作：拨动三位选择开关到“LOCAL”位置，打开调节器到指定压力。

电动压力调节器远程控制：拨动三位选择开关到“REMOTE”位置，在计算机上选择指定调节器，选择“手动”，输入调节器开度，点击打开调节器。

边学边练

1. 中控内操人员发现工艺参数有异常时，要及时提醒外操进行相应的________。

2. 外操人员________人操作，另__________人监护，每操作完一步应向内操人员汇报后，再作下一步操作。

A. 1　1　　B. 1　2　　C. 2　1　　D. 2　2

3. 如何进行电动压力调节器操作？

答：

集气总站涡轮流量计堵塞故障

典型案例

集气总站分离器排污采用涡轮流量计进行计量，在分离器排污过程中，流量计未显示流量。经流量计拆开检查，是由于排污管前过滤网损坏，导致涡轮流量计转子被杂物缠住，采用替换法对该流量计进行更换。

合规提示

涡轮流量计安装前应检查内部转动部件是否灵活。

安装前应对管道进行吹扫，保证管道清洁无异物。

安装时，水平正向摆放涡轮流量计，涡轮流量计表体箭头方向要与流体流动方向一致，密封垫圈不得突入管线内部，并在仪表的油盒内注入适量的润滑油。

知识学习

涡轮流量计投运时，一定要慢慢开动阀门，上下游管道缓慢升压力(启动过程时间不少于 15s)，避免突然升压损坏涡轮叶片和轴承。

通过流量计的流速避免过快，通过流量计的瞬时流量不能超过最大流量的 20%。

边学边练

1. 涡轮流量计安装前应检查内部________部件是否灵活。

2. 安装时________摆放涡轮流量计，涡轮流量计表体箭头方向要与流体流动方向________。

A. 水平正向 一致　　　　B. 水平正向 相反

C. 水平反向 一致　　　　D. 水平反向 相反

3. 如何安装涡轮流量计？

答：

普光 101 集气站 $3^{\#}$ 加热炉有异响故障

典型案例

2015 年 1 月 28 日，普光 101 集气站 $3^{\#}$加热炉发出异响声音，声音传到站控室。通过检查发现风门开度过大，温控阀内漏导致定位器给定开度 0%时不能关严。在温控阀全关或极小开度的情况下，阀门的阀芯两端压差过大，导致阀芯震荡，阀后出现脉动的燃料气流，从而出现回火的异常情况。重新校准定位器，在定位器开度为 0%时，调整风门开度，观察加热炉主火燃料颜色正常，加热炉异响消除，恢复正常。

图 1　回火造成高压包烧坏

合规提示

加热炉出现异响，立即观察是否回火，声音越大，表示回火越严重，加热炉烟囱温度低于正常值。

出现回火后在温控阀开度小于10%时，须关闭主燃料气手动球阀，以防回火造成烧坏设备。

知识学习

加热炉日常维护保养：

1. 检查各设备是否运行正常；
2. 检查加热炉缓冲罐液位；
3. 监控各系统的压力、温度、流量是否正常；
4. 监控各连接部位是否松动或泄漏；
5. 检查主燃烧器和长明灯的火焰情况(正常情况为蓝色)。

边学边练

1. 加热炉出现异响，应立即观察是否________，声音越大，表示________越严重，加热炉烟囱温度低于正常值。

2. 出现回火后在温控阀开度小于________时，须________主燃料气手动球阀，以防回火造成烧坏设备。

A. 10% 关闭　　　B. 100% 关闭

C. 10% 打开　　　D. 100% 打开

3. 加热炉日常维护保养哪些内容?

答：

大湾401集气站燃料气分配撬块流量计故障

典型案例

2015年2月9日401集气站燃料气分配撬块流量计现场流量显示4.1m^3/h，与实际流量偏差较大，在排除压力、流量、温度传感器接线故障后，分析为参数设置不正确，导致流量数据不准确。进入调试参数菜单，修正介质压力后，由原来700kPa改为956kPa后流量显示为65m^3/h，流量与实际流量相符，流量显示与上位机一致，运行正常。

合规提示

旋进旋涡流量计安装时不得反向安装，对于同规格的旋进旋涡流量计，其旋涡发生体、导流体等核心组件不能互换。

新安装流量计必须重新检定，使用新的仪表计量系数，并对其配带的温度计及压力传感器进行系统校正。

知识学习

1. 旋进旋涡流量计压力异常主要原因：(1)压力传感器取压孔堵塞；(2)压力传感器损坏；(3)压力传感器信号放大器故障；(4)压力信号线接触不良或

断开。

处理方法：(1)将流量计打开；(2)冲洗管路，修复或换阀；(3)待完全冷凝后开表。

2. 旋进旋涡流量计示值偏高主要原因：(1)流量传感器；(2)低压侧管路积存空气；(3)蒸气等的压力低于设计值；(4)差压计零位漂移；(5)节流装置和差压计不配套，不符合设计规定。处理方法：(1)检查、排除泄漏；(2)排净空气；(3)按实际密度补正；(4)检查、调整；(5)按规定更换配套差压计。

边学边练

1. 新安装流量计必须经过________，使用新的仪表计量系数，并对其配带的温度及压力传感器进行系统校正。

2. 旋进旋涡流量计安装时不得________安装，对于同规格的旋进旋涡流量计，其旋涡发生体、导流体等核心组件________互换。

A. 反　不能　　B. 反　可以

C. 正　不能　　D. 正　可以

3. 旋进旋涡流量计压力异常原因及处理方法主要有哪些？

答：

普光 102 集气站 3# 加热炉无法启动故障

典型案例

2015 年 12 月 11 日，普光 102 集气站 3#加热炉频繁熄火后无法启动，造成加热炉运行不稳定。打开加热炉控制箱检查 BMS 燃烧管理器，发现 BMS 显示屏有报错信息，根据故障分析，判断为高压包故障，更换高压包后，重启加热炉，一次点燃长明火，加热炉启动正常，观察一小时后无熄火现象，加热炉运行正常。

合规提示

加热炉为站场核心设备，在加热炉撬块检修仪表时，应把二、三级节流阀自动调整为手动，以防突然关断。

处理加热炉故障时需将点火控制器 FGI351 故障复位后启动加热炉。

知识学习

1. 常见故障分析

(1) 火检位置安装不正确，检测不到长明火。

(2) 点火枪内积碳，导致点火枪气路不通。

(3) 高压包故障，导致高点火电极不点火。

(4) 长明灯电磁阀故障，导致无法点燃长明灯。

(5)热电偶故障，导致TC值不稳定。

(6)BMS主板故障，导致不能启动加热炉。

2. 故障处理过程

(1)检查火检安装位置正常，接线无松动对地现象，重新紧固接线。调整点火枪与点火电极之间的距离，并紧固。

(2)检查并清理点火枪内积碳。

(3)检查长明火电磁阀打开时电压为24VDC正常。

(4)测量热电偶正常。

(5)检查加热炉控制面板无报错信息。

边学边练

1. 处理加热炉故障时需将点火控制器FGI351故障________后，启动加热炉。

2. 加热炉为站场核心设备，在加热炉撬块检修仪表时，应把________级节流阀自动调整为手动，以防突然关断。

A. 二、三　　B. 一、二

C. 一、三　　D. 三、四

3. 主要从哪几个方面分析处理加热炉故障？

答：

毛坝 503 集气站燃料气分配橇块流量计故障

典型案例

2015 年 2 月 10 日，毛坝 503 集气站燃料气分配橇块安装一台新流量计，投用后现场流量计指示正常，但上位机数据卡死无变化。在对线路、参数设置、通信检查正常后，用 MODSIM 软件测试该串口服务器通道，TX 和 RX 指示灯均正常闪烁，上位机有数据显示，串口服务器的通道正常，判断故障原因为流量计 RS485 通信模块故障。更换 RS485 通信模块后通信恢复正常，上位机数据刷新正常，与现场表头显示一致。

合规提示

流量计无通信故障需详细了解流量计接线方式及仪表参数设置，逐步排查。

知识学习

温度异常主要原因：(1) 温度传感器故障；(2) 温度传感器与流量计算接线接触不良；(3) 温度传感器性能下降，准确度超差。

处理方法：(1) 检查、更换有故障的温度传感器；(2) 检查表内接线，确保接触良好；(3) 对温度传感器进行校准、修正，如无法修正则更换温度传感器。

边学边练

1. 流量计无通信故障需详细了解流量计接线方式及________设置，逐步排查。

2. 温度异常主要原因有________故障，温度传感器与流量计算接线接触不良，温度传感器性能下降，准确度超差等。

A. 温度传感器　　B. 压力传感器

C. 液位传感器　　D. 其他

3. 流量计温度异常主要处理方法有哪些？

答：

普光301集气站2#加热炉生产XV故障

典型案例

2015年4月8日10时，普光301集气站2#加热炉生产XV处于开状态，站控室给定关指令，但现场阀未动作，在排查中发现电磁阀及仪表风压力正常，阀门开关状态切换时不排气，拆下排气管检查，发现有黄色粉末状物质堵死排气管，清除排气管和排气阀内的杂物后，阀开关动作恢复正常。

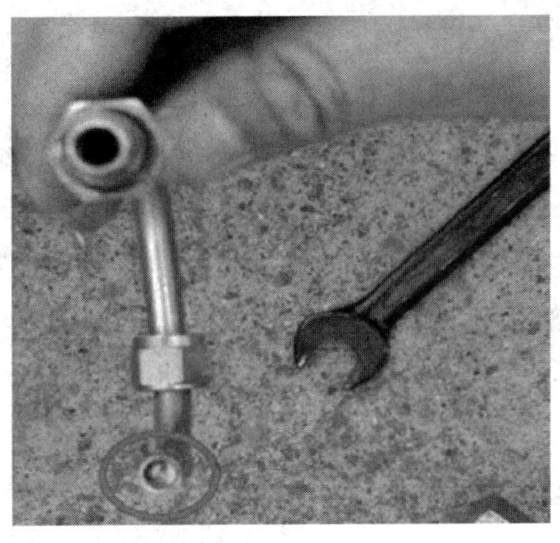

图1　排气管堵塞

合规提示

气动阀门和气动执行机构维护时，注意电动头及其传动机构中进水问题。一是在雨季渗入的雨水，使传动机构或传动轴套生锈。二是冬季冻结，造成电动阀操作时扭矩过大，损坏传动部件会使电机空载或超扭矩保护跳开无法实现电动操作。在超扭矩保护动作后，手动操作气动阀门和气动执行器也同样无法开关，如强行操作，将损坏内部合金部件。

知识学习

(1)每天检查各调节阀的气源压力是否正常，气路的紧固件是否松动、仪表空气是否有泄漏。

(2)每月定期清扫，保持整洁，特别是阀杆、定位器的反馈杆等活动部位。

(3)每季度阀门动作一次，保证执行结构灵活可用，避免阀座与球体胶合。

(4)每半年检查定位连杆、反馈信号有无松脱、接地现象、气缸完好性。

(5)每年全面维护保养，传动机构为气动，检查气缸压力，并排污，吹扫引压管路，检查远传系统是否正常。

边学边练

1. 气动阀门和气动执行机构维护时，应防止雨水进入造成传动机构或传动轴套________。

2. 气动执行机构在超扭矩保护动作后，如________强行操作气动阀门和气动执行器，将损坏内部合金部件。

A. 手动　　B. 自动

C. 就地自动　　D. 其他

3. 如何保养XV？

答：

普光 203 集气站加热炉无法启动故障

典型案例

2015 年 4 月 23 日，普光 203 集气站加热炉无法启动，按下启动按钮，绿灯运行两三秒后变成红色停止状态。在加热炉控制柜的显示屏查看发现 *TC* 值在 4mV 不下降(加热炉启动时需要 *TC* 下降至 2mV 后才能启动)，拿下点火棒检查热电偶发现上面有很多燃烧留下的垢，将上面的垢打磨清理后，重新接上线，显示屏上 *TC* 值为 1mV，启动加热炉运行正常。

合规提示

加热炉无法启动时，首先从控制柜显示屏上面查看报警信息或是其他信息来判断。

加热炉控制按钮 6、7 是上一屏幕和下一屏幕按钮，按下此按钮可以滚动到下一屏幕或上一屏幕，读取到一屏幕或上一屏幕的相关信息，同时按下这两个按钮将返回主屏幕。

知识学习

加热炉具有故障联锁报警(切断)功能，主要报警点设置有：

1. 水浴液位低报警；

2. 水浴液位低低报警关断；

3. 水浴温度高报警；

4. 工艺气温度低低报警关断；

5. 火焰故障报警；

6. 燃烧器复位启动。

边学边练

1. 加热炉无法启动时，首先从控制柜显示屏上面查看________信息或是其他信息来判断。

2. 加热炉控制按钮________是上一屏幕和下一屏幕按钮，按下此按钮可以滚动到下一屏幕或上一屏幕，读取到一屏幕或上一屏幕的相关信息，同时按下这两个按钮将返回主屏幕。

A. 6、7　　B. 1、2　　C. 3、4　　D. 5、6

3. 加热炉故障联锁主要报警点设置有哪些？

答：

普光 9# 阀室 1# UPS 主机故障

典型案例

2015 年 4 月 23 日，普光 9#阀室 1#UPS 主机显示市电输入异常，旁路异常，显示屏报警为 Er 08 故障。对控制板进行检测，电容及输入输出保险完好，市电输入回路功率元件中有部分损坏，更换一块新的主板，开机重试后主机恢复正常 30min 后离开现场。

合规提示

UPS 是一种含有储能装置，以逆变器为主要组成部分的恒压恒频的不间断电源，主机报警故障代码有明确的指向，应根据指向对各元器件进行逐步测试。

RTU 是 REMOTE TERMINAL UNIT 的简称，中文名称为远程测控终端，用于监视、控制与数据采集的应用。

知识学习

阀室包括仪表室和阀门室，仪表室内有 UPS 机柜、通信机柜和 FSM 防腐机柜，阀门室内有线路截断球阀等。仪表室主要采集阀室的温度、压力和阴极保护等参数，监视线路截断阀的状态，控制线路截断阀开启、关闭，由调度控制中心远程关闭的线路截断阀，在确保安全的前提下可执行远程开阀，监视供电系统工作状态，监视阀室的可燃气体报警、火灾报警等。

边学边练

1. UPS 是一种含有储能装置，以逆变器为主要组成部分的恒压恒频的________电源。

2. 阀室包括仪表室和阀门室，仪表室内有________机柜，阀门室内有线路截断球阀等。

A. UPS　　　　B. 通信

C. FSM 防腐　　　　D. 以上都是

3. 仪表室的功能主要有哪些？

答：

普光 201 集气站 4# 加热炉 PLC 故障

典型案例

2015 年 4 月 25 日，普光 201 集气站 4#加热炉通信中断，上位机二、三级节流阀及压力变送器等相关数据显示绿底，数据无刷新。检查 PLC 供电模块指示正常，CPU 指示灯不亮，判断为 PLC CPU 故障，更换 PLC。用工控机通过 PPI 线缆连接 PLC CPU，准备好 201-4#加热炉程序下载到 PLC CPU。过程截图如下：

1. 打开 PLC 编程软件，点击设置 PG/PC 接口，如图 1 所示。

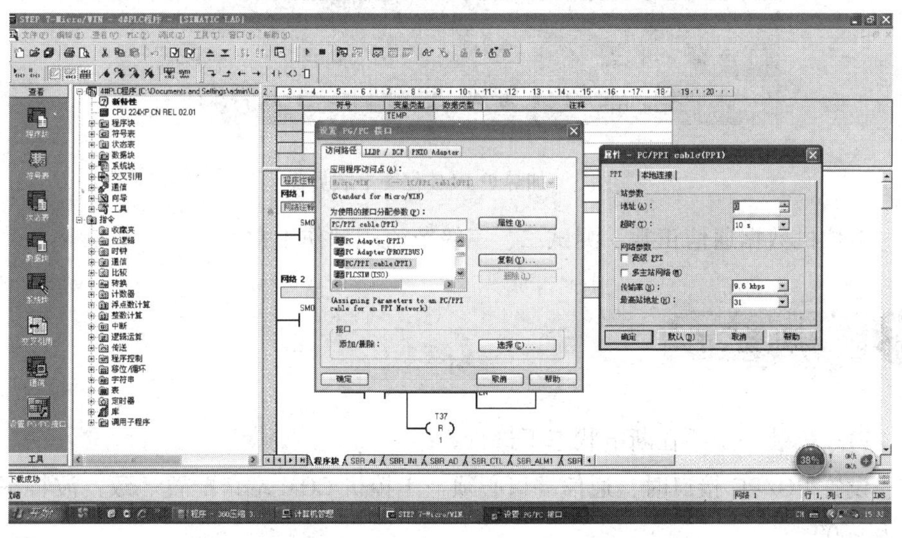

图 1　加热炉 PLC 程序通信配置界面 1

2. 点击通信，双击刷新，确认通信正常，如图 2 所示。

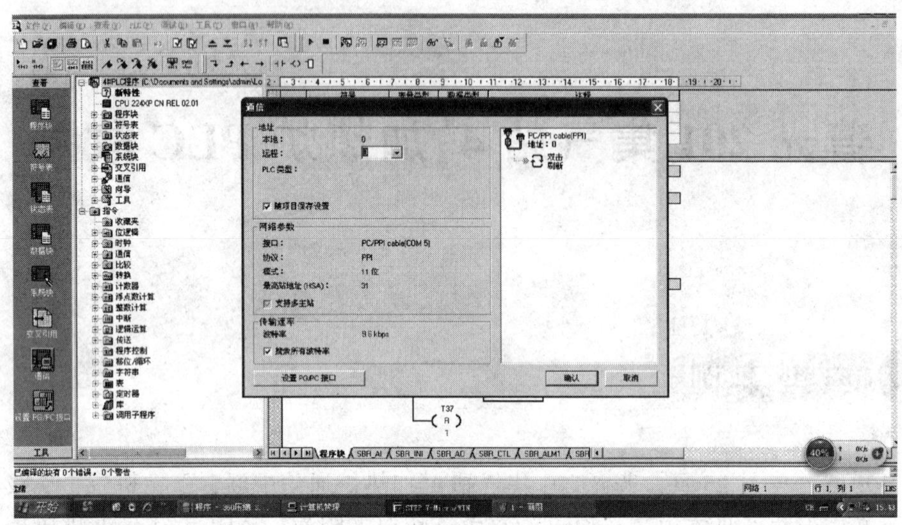

图 2　加热炉 PLC 程序通信配置界面 2

3. 点击下载，将程序下装到 CPU，如图 3 所示。

图 3　加热炉 PLC 程序下载界面

上位机数据通信正常，测试二、三级节流阀动作正常。

合规提示

PLC 拆装一定要在断电状态下进行。

设置 PG/PC 接口时，通信端口必须与工控机 COM 端口配置一致，波特率统一为 9600。

在程序下装之后，一定要进行测试，确保数据正常，阀门动作正常。

知识学习

加热炉应具有远程紧急停炉、信号上传功能。加热炉可接受远程紧急停炉信号，在紧急情况下实现远程停炉。加热炉可把重要的状态、参数上传给控制中心，加热炉 PLC 通过 RS-485 通信口与控制室进行通信，主要信号有：

①加热炉运行状态；

②火焰故障报警信号；

③加热炉水浴温度；

④水浴压力；

⑤水位低报警信号；

⑥进口压力、温度；

⑦出口压力、温度。

边学边练

1. PLC 拆装一定要在________状态下进行。

2. 加热炉可接受远程紧急停炉信号，在紧急情况下实现________停炉。

A. 远程　　B. 就地　　C. 手动　　D. 其他

3. 加热炉 PLC 通过 RS-485 通信口与控制室进行通信主要信号有哪些？

答：

普光106集气站井口控制柜通信故障

典型案例

2015年6月9日，普光106集气站井口控制柜现场排查故障，发现现场上位机显示井口控制柜所有数据为掉线状态。通过排查发现井口工作柜开关电源故障，导致机柜供电不正常。PLC供电电压，测量只有15.2V DC，电压太低，导致PLC不能正常工作，更换同功率开关电源后，输出电压23.5V DC，PLC恢复正常工作，井口控制柜上位机通信恢复正常。

合规提示

PLC供电电压过低会导致PLC工作不正常，影响数据通信。

在处理井口控制柜内仪表故障时，须把井口控制柜调整到就地控制状态，以免引起地面安全阀关闭。

知识学习

气井采用井下安全阀和地面安全阀两级安全控制，地面安全控制系统ESD能够分别实现对同一个平台单井和多井关断，根据关断逻辑设置关断地面安全阀SSV、井下安全阀SCSSV。

地面安全控制系统ESD与SCADA系统相连，采气树温度、压力、油管头侧温度、压力、输送管线压力、地面安全阀SSV的阀位、易熔塞压力等信号远传至站控系统SCS，信号传输采用4~20mA电流信号、0~24V电压信号。

ESD根据站控系统SCS指令关断地面安全阀SSV、井下安全阀SCSSV。控制系统关断后，开启安全阀必须到现场手动复位。

边学边练

1. PLC供电电压过低会导致PLC工作不正常，影响________。

2. 在处理井口控制柜内仪表故障时，应把井口控制柜调整到________控制状态，以免引起地面安全阀关闭。

A. 远程　　B. 就地　　C. 自动　　D. 其他

3. 井口控制柜如何进行逻辑控制？

答：

普光 $25^{\#}$ 阀室 $2^{\#}$ UPS 主机异常故障

典型案例

2015 年 6 月 9 日，普光 $25^{\#}$ 阀室 $2^{\#}$ UPS 主机不能充电，不能开机，打开 $2^{\#}$ UPS 主机，对柜内 1000W 和 500W 充电板进行检测，发现 500W 的充电板损坏，更换一块新的充电板，由于备件是升级过的板子，已经将温感集成进去了，所以将原有的温感线进行绝缘处理并屏蔽，开机，联机运行测试正常。

合规提示

UPS 主机出现不能充电的现象，需对充电板逐步测试，发现损坏及时更换处理。

线路截断阀关断信号来自人工干预、ESD 系统、压力下降速率等方面。

知识学习

阀室包括仪表室和阀门室，仪表室内有 UPS 机柜、通信机柜和 FSM 防腐机柜，阀门室内有线路截断球阀等。

线路截断阀主要用于管道破裂后阀门自动关闭，以保证高含硫化氢天然气的泄漏总量在可接受的安全范围内，其次用于联锁关断或人为关断。

边学边练

1. UPS 主机出现不能充电的现象，需对充电板逐步测试，发现损坏________。

2. 线路截断阀关断信号来自________等方面。

A. 人工干预　　　　B. ESD 系统

C. 压力下降速率　　　　D. 都是

3. 线路截断阀的作用是什么？

答：

普光 3# 阀室 3 号线 BV 压力故障

典型案例

2015 年 6 月 25 日 9：00，普光 3#阀室 3 号线 BV 阀主板无压力显示，现场实际管道压力表显示 8.2MPa。查看测试压力传感器电流信号、主板控制器配置参数控制模式选择、传感器接线正常。用信号发生器发送有源 4~20mA 电流信号模拟压力信号，测试 BV 阀主板控制器液晶显示屏无压力显示，判断为 BV 阀主板故障，更换 BV 阀主板后，BV 阀主板压力恢复正常。

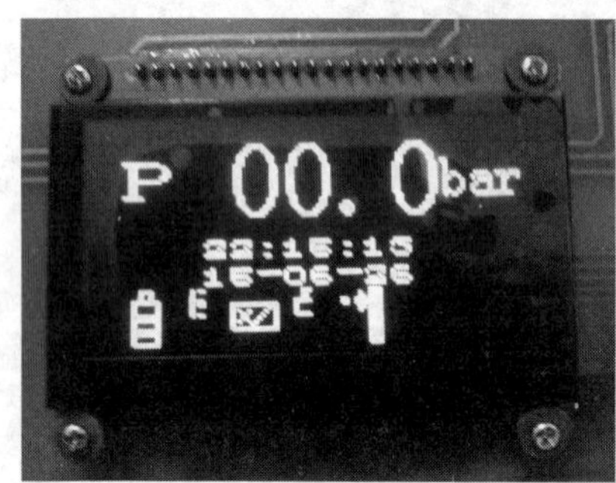

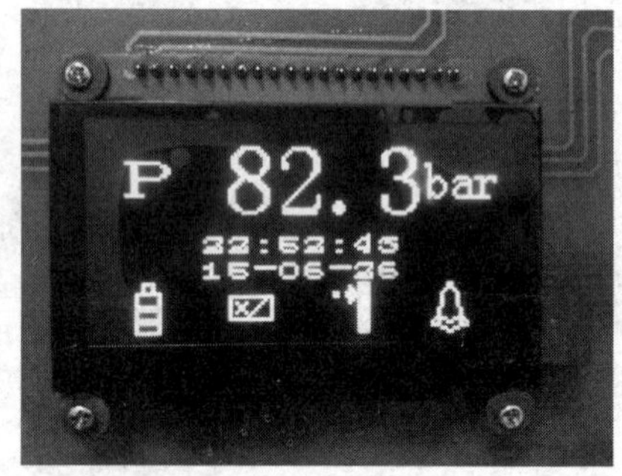

图 1　3 号线 BV 主板压力显示为 0

合规提示

阀室潮湿会引起电路板腐蚀和降低介质材料的绝缘性能，严重时会失效或损坏，所以应确保阀室间干燥。

BV 在发生紧急关断时，阀门是被锁死，故障解除后，必须到现场进行手动复位，才能进行阀门的本地或远程操作。

知识学习

气液联动球阀(BV)在有气源的状态下可以实现：

1. 远程控制(指控制室和中控室)开阀，有开到位反馈显示。
2. 远程控制(指控制室和中控室)关阀，有关到位反馈显示。
3. 手动本地开阀，有开到位反馈显示。
4. 手动本地关阀，有关到位反馈显示。
5. ESD 紧急关断联锁命令，一旦发生 ESD 紧急关断，有报警输出。
6. GPO 破管紧急关断。
7. 游动功能测试，检测阀门在长期打开的状态下是否被卡死。

边学边练

1. 阀室________会引起电路板腐蚀和降低介质材料的绝缘性能，严重时会失效或损坏，所以应确保阀室间干燥。

2. BV 在发生紧急关断时，阀门是被锁死，故障解除后，必须到________进行________复位，才能进行阀门的本地或远程操作。

A. 现场 手动　　B. 现场 自动

C. 中控室 手动　　D. 中控室 远程

3. 气液联动球阀(BV)在有气源的状态下可实现哪些功能？

答：

普光 203 集气站加热炉无法启动故障

典型案例

2015 年 8 月 16 日，普光 203 站启动加热炉，长明灯燃烧正常，开启主火燃料气，加热炉出现自动熄火故障。打开加热炉控制柜查看燃烧管理器的报警信息，报警信息是三次点火失败，排除燃烧管理器故障，打开加热炉头拿出点火棒，清理内部积碳和调整点火电极位置，加热炉还是无法启动，判断为加热炉空气燃烧不充分，清理空气过滤网脏污，调大风门后启动加热炉运行观察 1h 恢复正常。

合规提示

加热炉长时间运行，会造成空气过滤网堵塞，应对过滤网进行清理。

在加热炉撬块检修仪表时，应把二、三级节流阀调整为手动控制，以防突然关断。

知识学习

如果 BMS 在开启时发生故障，应参考该显示信息进行故障排除。

Burner-燃烧器-说明燃烧器是开启、工作、或停止状态。

High Press-高高报警-正常或报警-主燃烧器上的燃料气高高报警。

Low Press-低低报警-正常或报警-主燃烧器上的燃料气低低报警。

Closure-停止-停止或开启-燃烧器 ESDV 阀状态。

STATE-状态-说明 BMS 在开启时的状态。

TC millivolts-长明灯热电偶电压-mV，从 K 型热电偶读取。

PRE PURGE TM-预吹扫时间-点火之前预吹扫倒计时。

COMM STAT- Good or Bad-通信状态- 好或者坏-显示 PLC 和 BMS 之间通信状态。

LATEST-最近的报警信息-如果 BMS 启动失败且控制面板前面的(红色)指示灯亮，最近的 BMS(启动)失败报警信息将在这里显示。

PREVIOUS-先前的报警信息-BMS 先前的(启动)失败报警。

边学边练

1. 加热炉长时间运行，会造成空气过滤网________，应对过滤网进行清理。

2. 在加热炉撬块检修仪表时，应把____级节流阀调整为手动控制，以防突然关断。

A. 一、二　　B. 一、三

C. 二、三　　D. 三、四

3. 加热炉常出现的报警信息有哪些？

答：

普光 204 集气站 UPS 系统故障

典型案例

2015 年 11 月 16 日 9：00，普光 204 集气站 UPS 系统进行常规检修时，发现 1#主机无法放电，切断市电直接报警，进入关机程序。对蓄电池进行检测，发现故障电池。打开主机盖板，进入调试模式，将蓄电池组数量从 21 改为 20，绕开故障电池进行接线，开机检查系统功能，切断市电输入进行放电正常，更换故障电池，将系统蓄电池组数更改回 21，重新测试系统功能正常。

合规提示

普光气田 UPS 系统所采用的蓄电池使用年限为 3 年，到期后应及时更换。

站内通信、仪表及站控设备等重要负荷采用不间断电源 UPS 供电，放电时间为 30min。

知识学习

集气站撬块用电设备为二级负荷，站内生活设施为三级负荷，站内通信、仪表及自控系统、应急照明为一级负荷。

发电机组为备用电源，当主电源发生故障时，双电源自投装置的控制器发出起动发电机的信号，并对发电机组的电压及频率进行检测，待发电机组启动成功后，经延时 10s 后将负载自动转向发电机组供电回路，当电源恢复正常时，经延时再将负载自动转向主电源回路，并发出关闭发电机组的信号，发电机可自动及手动起、停。

边学边练

1. 普光气田 UPS 系统所采用的蓄电池使用年限为________年，到期后应及时更换。

2. 站内通信、仪表及站控设备等重要负荷采用不间断电源________供电，放电时间为________min。

A. UPS　30　　　　B. UPS　300

C. UDS　30　　　　D. UDS　300

3. 集气站动力供应怎么进行？

答：

计量分离器气相流量计无通信故障

典型案例

2016年3月24日，普光303集气站计量分离器气相流量计上位机数据无变化。现场用工控笔记本连接流量计RS485通信端口，用MODSCAN软件扫描不到数据，用流量计专用软件(此流量计为喀麦隆Scanner2000) ModWorX Pro3. 3. 0也无法通信，判断为主板故障。更换主板，重设参数后通信恢复正常。但差压在0~153kPa之间波动，正常差压应为8kPa左右，差压波动大，判断为引压管堵。解堵后差压显示13kPa，回零后差压显示4kPa，静压显示为0. 3MPa，重新作零点标定后差压和静压显示归零，投运流量计恢复正常。

合规提示

线路、浪涌故障，导致变送器数据不能传输到上位机。

解堵过程中平稳操作，注意防止碱液溅出，造成人身伤害。

知识学习

五阀级解堵操作程序：

1. 流量计打补偿——关闭高低压导压管截止阀——开五阀组平衡阀——缓慢开五阀组放空阀——逐个缓慢打开五阀组上下游截止阀——然后关闭——检查

上下游导压管堵塞情况。

2. 如上述方法不能解堵，用热水对导压管与高级孔板阀连接根部及导压管拐角处进行喷淋。

3. 检查上下游导压管解堵情况，如未能解堵可重复上述操作，解堵后投运计量。

边学边练

1. 线路、浪涌故障，导致变送器数据不能传输到________ 。

2. 解堵过程中________操作，注意防止________溅出，造成人身伤害。

A. 平稳 碱液　　B. 平稳　酸液

C. 快速 碱液　　D. 快速　碱液

3. 如何进行五阀级解堵操作？

答：

普光303集气站温控阀无法打开故障

典型案例

2016年12月20日，普光303集气站1#、3#加热炉温控阀上位机显示开度0%，而现场温控阀处于关闭状态。观察定位器上有报警提示，代码为57、58、64、79，确认报警信息后，用MAX、NOM、MAN模式初始化定位器，定位器显示初始化正在进行，但阀不动作，打到MAN模式，用手动模式调节开度也无任何反应，检查气源压力，只有2.4bar，调至3.2bar，松开气源管检查气路，确定气路畅通，用撬棍可以活动阀门，确定阀未卡住，测量回路电流有6mA，确定定位器接线盒正常，经过以上检查和故障现象，确定为定位器故障，更换定位器后，温控阀恢复正常。

代码	参数	说明
57	控制回路	控制回路故障，控制阀在控制变量容许时间内没反应 • 气动执行器被机械固住 • 阀门定位器的装配被延迟 • 气源不够
	检查处理	检查装配
58	零点	零点错误。阀门定位器安装位置/连接移动或控制阀阀内件磨损，特别是软密封阀芯
	检查处理	检查控制阀和阀门定位器的安装。如果没问题，用代码6进行零点校准。
64	i/p转换器(y)	i/p转换器电路被中断
	检查处理	不能处理，阀门定位器返回SAMSON AG进行修理
79	诊断报警	如果代码48成功激活了EXPERT+，在扩展诊断中产生的报警

合规提示

温控阀关闭故障主要有阀门卡住，定位器坏或定位器接线盒坏等。

水浴温度控制阀(TCV)通过调节通往主燃烧器燃料气的流速，来控制 HM 溶液的温度。燃烧器非正常运行时，TCV 也对燃料气供应切断起到辅助作用。

知识学习

控制面板如果有故障报警，应根据报警代码逐项排除，如果报警已排处，按下重置按钮以清除报警信息。

加热炉远传信息主要有：(1)加热炉运行状态；(2)火焰故障报警信号；(3)加热炉水浴温度；(4)水浴压力；(5)水位低报警信号；(6)进口压力、温度；(7)出口压力、温度。

边学边练

1. 温控阀关闭故障主要有阀门卡住________或定位器接线盒坏等。

2. 控制面板如果有故障报警，应根据报警代码逐项排除，如果报警已排处，按下________按钮以清除报警信息。

A. 重置　　B. 停止　　C. 复位　　D. 启动

3. 加热炉远传信息主要有哪些？

答：

普光 102 集气站 $2^{\#}$ 加热炉无法启动故障

典型案例

2016 年 4 月 16 日，普光 102 集气站 $2^{\#}$加热炉自动熄火后无法启动故障。清理点火枪内积碳、紧固接线、调整点火枪与点火电极之间的距离并紧固、检查长明火电磁阀打开时电压、测量热电偶正常。重新启动加热炉，加热炉有回火现象，调整主火压力，从 100kPa 调整到 80kPa，清理风门积碳，调整风门，重启加热炉运行正常。

合规提示

火检位置安装不正确时检测不到长明火，点火枪内积碳会导致点火枪气路不通，高压包故障会导致高点火电极不点火，长明灯电磁阀故障会导致无法点燃长明灯，热电偶故障会导致 TC 值不稳定，BMS 主板故障会导致不能启动加热炉。

知识学习

启动加热炉时，应先按下加热炉控制面板停止键，再按下复位键，最后按下启动键，控制面板上绿灯亮，开始自动点火。当加热炉软化水温度达到 65℃左右，打开缓冲罐手动排气阀平衡压力，然后关闭手动排气阀。

边学边练

1. 火检位置安装不正确时检测不到________，点火枪内积碳会导致点火枪气路不通。

2. 高压包故障会导致高点火电极________，热电偶故障会导致TC值________。

A. 不点火　不稳定　　B. 不点火　稳定

C. 点火　不稳定　　D. 点火　稳定

3. 如何启动加热炉?

答:

大湾 403 集气站视频故障

典型案例

大湾 403 集气站站控室工控机和中控室无 403 站视频显示。在工控机上 PING 视频服务器 PING 不通，现场工控机无视频显示，检查工控机到交换机网络连接正常。在工控机上 PING 视频服务器仍 PING 不通，用网线钳紧固视频服务器到交换机的网线接头，连接好网线，在工控机上重新 PING 视频服务器能 PING 通，重启网络交换机、视频服务器后，站场视频显示，中控室视频显示恢复正常。

合规提示

常出现交换机故障，信号源即视频服务器故障，网络跳线或水晶头故障等。

应定期检查网线接口处要定期除尘，应定期重启交换机和视频服务器。

知识学习

正常开机后，按 ENTER 键确认键(或单击鼠标左键)弹出【登录】对话框，在输入框中输入用户名和密码，仅有就地监视、回放、备份权限等权限。

在正常情况下，CCTV 检测视频画面都处于预览界面，在预览界面，界面左边是通道名称，右边是各个监控画面，左下角是调节按钮，下方是事件描述。通过预览界面可以观看到集气站场主要设备主要岗位的工作状态。

边学边练

1. 常出现交换机故障，________故障，网络跳线或水晶头故障等。

2. 应定期检查网线接口处要________除尘，应________重启交换机和视频服务器。

A. 定期　定期　　B. 定期　不定期

C. 不定期　定期　　D. 不定期　不定期

3. 如何进行系统画面预览？

答：

普光 101 集气站井口区视频故障

典型案例

普光 101 集气站井口区视频显示为“无视频信号”，云台控制不正常。检查软件配置，发现配置、服务器视频通道、接头均正常，打开防爆接线盒检查通过浪涌保护器供电正常，发现浪涌保护器的视频接头坏，更换新的视频接头后视频画面恢复正常。

合规提示

常出现交换机故障，信号源即视频服务器故障，网络跳线或水晶头故障等。检修一体机时一定要做好防水，以防各线缆结头氧化。

知识学习

系统画面回放时，在界面上点击回放，选择需要观看的通道，然后点击日历图标选择回放的日期，点击下方搜索按钮，会显示录像的记录(蓝色填充的表示当天有录像，空框表示那天没有录像)文件列表会自动更新成该天的文件列表，最后在右边播放框下面点击播放。

边学边练

1. 常出现交换机故障，信号源即视频服务器故障，____________故障等。

2. 检修一体机时一定要做好________，以防各线缆结头氧化。

A. 防水　　B. 防漏电　　C. 防静电　　D. 其他

3. 如何进行系统画面回放?

答：

高低压限压阀密封圈损坏故障

典型案例

集气站井口酸液管线上安装高低压限压阀，来监测井口管线内的压力，并对设备管线进行超压关断保护，正常生产中出现高低压限压阀密封圈损坏，导致高低压限压阀漏气，高低压限压阀无法正常运行，引起地面安全阀异常关闭。采取屏蔽井下及地面安全阀，拆卸高低压限压阀，对高低压限压阀密封圈进行更换，完成后进行安装、验漏、投用。

合规提示

1. 开井之后，打开高低压限压阀根部阀时要缓慢平稳操作。

2. 高低限压阀低压阀调节范围 500 ~ 1500psi，高压阀调节范围 2500 ~ 5000psi。

知识学习

高低压控制阀的作用主要是使集输管线在设计压力范围内安全运行，当输气管线压力低于或高于高低压限位阀的设定压力时，高低压控制阀组的低压阀或高压阀动作换向，使先导压力控制回路连接到高低压限位阀出口管线，先导控制回路管线泄压。因此，地面安全阀(SSV)液控回路上的气控三通阀或液控三通阀失压而动作换向，使得地面液控回路压力泄压，地面安全阀(SSV)因自身反向弹簧压力而关闭[管线压力低于或高于高低压限位阀的设定压力都会导致地面安全阀(SSV)关闭]。

边学边练

1. 开井之后，打开高低压限压阀根部阀时要________操作。

2. 高低限压阀低压阀调节范围________，高压阀调节范围________。

A. 500～1500psi　2500～5000psi

B. 2500～5000psi　500～1500psi

C. 1500～2500psi　2500～5000psi

D. 2500～5000psi　1500～2500psi

3. 高低压控制阀的工作原理是什么？

答：

D402-2H 井高低压限压阀水合物堵塞

典型案例

生产中地面安全阀无征兆关闭，拆开高低压限压阀后发现取压管线有水合物堵塞。采取用热水浇淋高低压限压阀外壁，待水合物全部溶化、清理、安装后，解除屏蔽投入正常使用，同时给高低压限压阀取压管线安装电伴热。

合规提示

1. 高低压限压阀取压管线是细长条管线，环境气温低时容易引起水合物堵塞，巡检时注意观察管线温度是否在规定范围内。

2. 导致高低压限压阀密封圈损坏失效的原因主要有密封圈变形、腐蚀。

知识学习

高低位限压阀调试操作：

1. 将手压泵、压力表、针阀及连接管线与高低位限压阀测试口相连接。

2. 拉启手拉阀手柄，启动地面安全控制系统，让地面安全阀(SSV)处于“开启”状态，装上地面安全阀(SSV)金属锁定帽。

3. 将手压泵加压至高低位限压阀的设定启跳压力值，调节高低压限位阀的调节螺母，直至高低位限压阀开始泄放控制压力。

4. 重新启动地面安全控制系统。

5. 将手压泵加压，直至高(低)导阀开始泄放控制压力，记录此时的手压泵压力。

6. 若手压泵压力高于或低于规定的设定压力值，则相应地调节高低位限压阀上的调节螺钉，并重复3、4、5步骤操作，直至达到规定的压力值范围为止。

7. 将高低位限压阀的调节螺钉用锁定螺母锁紧。

8. 拆除手压泵及管路。

9. 回装测试口堵头，调试完毕。

边学边练

1. 高低压限压阀取压管线温度低时容易引起________堵塞，巡检时注意观察管线温度在规定范围内。

2. 导致高低压限压阀密封圈损坏失效的原因主要有温度骤变引起密封圈________、________。

A. 变形　　B. 腐蚀

C. 变形、腐蚀　　D. 以上都对

3. 如何进行高低位限压阀调试？

答：

M501-1H 井采气树阀门水合物堵塞

典型案例

M501-1H 井 2016 年 2 月中旬关井十余天后，阀门出现开关困难，操作阀门时有明显的吱吱声，怀疑是水合物被闸板挤压的声音。采用热水缓慢浇淋活动阀门，并对阀门进行注脂保养，故障得以排除。

合规提示

1. 水合物形成温度受介质压力、温度、天然气组分等多方面影响。

2. 采气树内部高含硫化氢天然气压力在 20~30MPa，易达到了水合物形成的条件，开井前应先对阀门检查。

知识学习

1. 天然气处于水汽的过饱和状态或者有液态水存在，较低的温度，较高的压力，辅助条件是压力的波动、气流的速度和方向改变的地方，即气流的停滞区容易生产水化物，H_2S 和 CO_2 等酸性气体的存在，有助于水合物的形成。

2. 提高节流前天然气温度、加注防冻剂、干燥气体、降压等方法可防止和解除水合物堵塞，气藏高含 H_2S，作业危险性很大，多采用加注防冻剂法。

边学边练

1. 水合物形成温度受天然气________、温度、组分等多方面影响。

2. 天然气处于水汽的过饱和状态或者有液态水存在，________，________，辅助条件是压力的波动、气流的速度和方向改变的地方，易形成水合物。

A. 低温 高压　　B. 低温 低压

C. 高温 高压　　D. 高温 低压

3. 如何防止和解除水合物堵塞？

答：

M503-2H 井 $7^{\#}$ 阀门丝杆渗漏故障

典型案例

M503-2H 井地面硫化氢报警仪报警，验漏发现采气树 $7^{\#}$ 阀门丝杆渗漏。对该阀门进行注脂保养，将新润滑脂注入阀腔内部，边注边活动阀门，经保养阀门恢复正常。

合规提示

1. 采气树 $1^{\#}$ 总闸、各级套管头及采气大四通周边法兰连接处或各级套管头、采气大四通内侧闸阀发生泄漏，宜先将井下安全阀关闭，再更换阀门或钢圈。

2. 采气树 $1^{\#}$ 总闸以上采气树各流程部分发生泄漏，应先关闭采气树 $1^{\#}$ 总闸，再更换泄漏的管线、闸门或钢圈。

知识学习

1. 采气井口装置常规维护保养主要内容包括：阀门手轮、快速释放销钉、剪切销钉是否完好；阀门开关是否正常；阀门连接螺栓是否坚固；阀门法兰连接密封面是否完好；阀门轴承加注润滑脂。

2. 日常维护保养：每天对井口装置至少进行一次验漏，观察井口有无异常情况，如：是否有气体或液体溢出，井口装置是否完好无渗漏等。每周活动一次井控装置闸阀，对采气树 1#总阀和生产翼两个闸阀进行活动时，为了不影响生产，对这三个阀门活动全开全关总圈数的 1/3 后迅速恢复，其余阀门(包括表套和技套阀门)全开全关一次。对采气树进行防腐处理，保持清洁无污物、无锈蚀。

边学边练

1. 采气大四通内侧闸阀发生泄漏，宜先将________关闭，再更换阀门或钢圈。

2. 采气树 1#总闸以上采气树各流程部分发生泄漏，应先关闭采气树________总闸，再更换泄漏的管线、闸门或钢圈。

A. 1# B. 2#

C. 3# D. 以上都对

3. 采气树日常维护保养内容主要有哪些？

答：

井口 BDV 自动起跳故障

典型案例

2012 年 5 月 27 日 11：05 大湾 401 集气站值班人员从人机界面发现站场一、二、三级压力下降，瞬时气量由正常的 $61\times10^4m^3/d$ 下降为 $33\times10^4m^3/d$，观察火炬放空火焰燃烧颜色为蓝色，火苗蹿高。检查发现井口 BDV 存在内漏，液压下降，造成井口 BDV 阀位打开 30%，采取关闭 BDV 出口闸阀，对 BDV 进行维修。

合规提示

1. BDV 起跳后检查确认执行器外观完好、无松动、无漏油，确认跳闸阀处于跳闸状态；液压油液面应在油箱油位计 1/4 处。

2. BDV 工作压力保持在 1500～2500psi 巡检，发现 BDV 压力下降，低于 1500psi 时及时补压，并查找原因处置。

知识学习

1. 手动关阀时，将跳闸阀手动置于自锁位置，然后手动压油直到顶部指示器指示关闭（液压值约为 1000～2500psi）。

2. 手动开阀时，敲碎阀门执行器前面的玻璃，拉出按钮，用力将手动跳闸阀推到跳闸位置，并保持，直到闸板阀完全打开。

边学边练

1. BDV 液压油液面应在油箱油位计________处。

2. BDV 工作压力保持在 1500～2500psi 巡检，发现 BDV 压力下降，低于________时及时补压，并查找原因处置。

A. 1000psi　　　　B. 1500psi

C. 2000psi　　　　D. 以上都对

3. 如何对 BDV 手动关阀？

答：

D402-2H 分酸分离器排酸管线刺漏

典型案例

2012 年 5 月 28 日上午 9：00，D402-2H 井口分离器硫化氢探头报警，值班人员到现场发现 $2^{\#}$分酸分离器排酸管线穿孔刺漏，采取关闭 D402-2H 井，远程关闭 D402-2H 两个 XV 球阀，并对井口到 XV 流程进行放空处置。

合规提示

1. 值班人员应密切关注人机界面，发现异常时应进行事故应急处置并汇报。

2. 人机界面上液位高于 65%时，LV 自动打开，当液位降至 27. 5%时 LV 自动关闭，若液位继续降至 25%，导致 ESDV 关闭，当液位恢复到 65%时在 ESD-3 级关断界面中进行 ESD-3 复位，打开 ESDV。

知识学习

1. 现场手动排液时，在人机界面上确认液位高于 65%；缓慢打开排液管线旁通球阀，再打开截止阀，当液位降至 25%时关闭截止阀，再关闭球阀。

2. 长时间停运排液，通过站控室人机界面把分酸分离器液位的控制回路打到超驰状态，打开旁通排液球阀，打开截止阀，排净容器内的积液；缓慢打开手动放空截止阀进行放空，直至罐内压力为“0”；打开入口管线上的燃料气阀门对管线及设备进行吹扫。5min 后通过高含硫化氢天然气入口压力表的双阀组放空阀检查容器内硫化氢浓度低于 20×10^{-6}时关闭吹扫阀门；待容器内燃料气压力为零时关闭手动放空截止阀。

边学边练

1. 值班人员应密切关注________，发现异常时应进行事故应急处置并汇报。

2. 人机界面上液位高于________时，LV 自动打开，当液位降至27.5%时 LV 自动关闭 .

A. 50%　　B. 65%　　C. 70%　　D. 80%

3. 如何对长时间停运分酸分离器排液？

答：

分酸分离器埋地管线刺漏

 典型案例

2012 年 7 月 31 日上午 8：40，D402-2H 井口分离器排污时有硫化氢泄漏报警，对 D402-2H 井口分离器进行排污，查找泄漏点，发现撬块外入地排污管线 1.5m 处有一外直径 10cm 范围石子发湿，用移动式硫化氢检测仪进行验漏确认，发现地面石子发湿点浓度高于 500ppm，周围浓度逐渐降低，根据流程走向，判断为 D402-2H 井分酸分离器地下排酸管线穿孔。采取对泄漏位置进行打管卡处理，后期对泄漏穿孔管线进行了更换。

 合规提示

1. 岗位人员在进行现场操作中，发现泄漏应停止操作并及时汇报。
2. 分酸分离器正常液位为：27.5%~65%；正常压力为：11~19MPa。

 知识学习

1. 日常维护保养时，检查设备运行是否正常；检查各连接部位是否松动或泄漏；检查腐蚀挂片是否损坏；检查分离器罐体液位计、温度表、压力表处于正常工作状态；通过 SCADA 系统对仪表、ESDV、液位调节阀进行实时控制。

2. 每日目视检查容器的所有部件及保温层完好无损，精心维护、严格执行

巡回检查制，发现问题及时处理，保证设备的安全运行。

3. 掌握设备故障的预防、判断和紧急处理措施，保持安全防护装置完整好用，并做好记录。

4. 对于日常的仪器仪表维护，应经常检查其是否处于完好状态，巡检过程中认真记录仪表的指示值，与 SCADA 系统对照，确保仪表指示正确无误。

边学边练

1. 岗位人员在进行现场操作中，发现泄漏应________操作并及时汇报。

2. 分酸分离器正常液位为：________；正常压力为：11～19MPa。

A. 27.5%～65%　　B. 30%～65%

C. 50%～70%　　D. 以上都对

3. 分酸分离器日常维护保养内容有哪些？

答：

计量分离器背压阀引压管线脱落

典型案例

2012年6月6日上午，技术人员对D404未投用的背压阀性能检测。此时，D404-2H井走计量分离器，在检测过程中，突发大量酸气泄漏，站内多处硫化氢探头报警。采取关D404-2H井，进行放空现场确认得知，背压阀差压变送器高压端引压管脱落，采取更换了新的引压管线。

合规提示

1. 引压管线采用卡套式安装，应正确安装引压管线，防止引压管脱落。

2. 一个控制回路，用于排污管线上调节阀(LV)的控制，分离器液位高报警时打开此阀，液位低报警时关闭此阀。

3. 计量分离器设置差压控制阀(DPV)，用于调节天然气出口压差，保证阀前压力高于阀后压力0.2MPa。

知识学习

1. 计量分离器撬块投运操作时，打开背压阀的前后阀门，投运背压阀，打开孔板阀的前后阀门，关闭孔板阀的旁通阀，投运气相流量计，液位达到设定值后，打开旁通阀吹扫污物后关闭，打开液位调节阀的前后阀门，投运液位调节阀，打开电磁流量计的前后阀门，关闭电磁流量计的旁通阀，投运电磁流量计。

2. 计量分离器撬块停运操作时，远程打开生产汇管气动双作用球阀，打开液位调节阀的旁通阀，排完分离器液体后，关闭液位调节阀的旁通阀，远程关闭计量汇管处气动双作用球阀，关闭计量分离器出口球阀。

边学边练

1. 引压管线采用________安装，应正确安装引压管线，防止引压管脱落。

2. 计量分离器设置差压控制阀(DPV)，用于调节天然气出口压差，保证阀前压力高于阀后压力________ MPa。

A. 0.2　　B. 0.4　　C. 0.6　　D. 0.8

3. 如何进行计量分离器投运操作？

答：

外输 BDV 意外起跳故障

典型案例

2012 年 5 月 15 日 0：57，405 集气站人机界面显示外输 BDV 状态异常，随即自动打开。采取迅速关闭 BDV 上游闸阀，检查 BDV 故障，发生 BDV 起跳是执行机构液压系统内漏，对故障的零件进行更换。

合规提示

1. BDV 关闭状态时，BDV 液压管线高压压力表压力值为 120～160bar，低压压力表压力值为 12～16bar。

2. BDV 上下游阀门处于开启状态，每周进行一次开关性能测试。

知识学习

BDV 液压控制系统主要有先导阀，低功率电磁阀，易溶塞等组成，先导阀，可以轻易地接入整个管汇或者管线系统以提供自动关闭功能。电磁阀，可提供有效的远程系统关断操作。易溶塞，可快速地将处于火灾危险中的系统关断。

边学边练

1. BDV 关闭状态时，BDV 液压管线高压压力表压力值为________bar，低压压力表压力值为 12~16bar。

2. BDV 上下游阀门处于开启状态，________进行一次开关性能测试。

A. 每天　　B. 每周

C. 每月　　D. 每季度

3. BDV 液压控制系统主要组成有哪些？

答：

酸液缓冲罐污水装车气体泄漏

典型案例

2012 年 5 月 19 日上午 10：53，吸污车到达 D405 站场进行拉酸，在拉酸的过程中，大湾 405-1H 井分酸分离器对酸液缓冲罐进行了排液，排液过程中大量气体进入酸液缓冲罐，同时，酸液缓冲罐安全阀旁通球阀未打开，导致污水罐车压力上升，引起污水罐车安全阀起跳，硫化氢气体溢出，11：30 ，D405 站场广播播报 D405 集气站站场气体泄漏。采取了停止分酸分离器排液，打开酸液缓冲罐旁通球阀泄压。

合规提示

1. 在酸液拉运过程中禁止对酸液缓冲罐进行排液操作。

2. 每天检查压力表，温度计，液位计读数，检查有无泄漏，检查记录有无异常。

知识学习

酸液缓冲罐拉酸液操作：

1. 密闭水罐车到位；

2. 强力排风扇安放到管线连接处；

3. 连接好罐车与酸液缓冲罐的管线接头和返回气管线接头，并导通阀门；

4. 依次缓慢打开罐车进口阀门、装车酸液管线出口阀门；

5. 启动装车泵进行装车；

6. 酸液缓冲罐液位达到 21.4%，自动停泵；若自动未动作，当液位达到低报警值 7.14%时，立即手动停止罐底泵；

7. 关闭装车酸液管线出口阀门、打开清水置换阀对残液进宪置换；

8. 置换完成后关闭罐车进口阀门、罐车罐顶回气阀、装车返回气管线阀门。

边学边练

1. 在酸液拉运过程中禁止对酸液缓冲罐进行________操作。

2. 每天检查________，________，________读数，检查有无泄漏，检查记录有无异常。

A. 压力表　　B. 温度计

C. 液位计　　D. 以上都对

3. 如何进行酸液缓冲罐拉酸液操作？

答：

节流阀上游压力过大故障

典型案例

在气井生产过程中，经常出现节流阀堵塞，引起上游压力上升，导致气流通过节流阀流量减少。一般增大节流阀开度解堵效果不明显，多采取节流阀吹扫解堵，清洗节流阀处理。

合规提示

1. 发现节流阀前压力过大且无法调产量时，禁止对气井进行提产作业，必要时进行关井清洗。

2. 注意观察节流阀前压力，二级节流前管线承压力不超过 40MPa，三级节流前压力不超过 20MPa。

知识学习

1. 就地手轮操作时，旋转执行机构上的红色旋钮至就地位置，压下手柄，逆时针(顺时针)旋转手轮，使之挂上离合器，转动手轮执行开阀(关阀)操作，直至达到要求，与站控室或中控室核对节流阀开度。

2. 就地自动操作时，旋转执行机构上的红色旋钮至就地位置，旋转黑色旋钮调整开度(顺时针旋转为关阀，逆时针旋转为开阀)，当开度达到要求值时旋转红色旋转按钮至“STOP”(停止)位置，与站控室或中控室核对节流阀开度。

边学边练

1. 发现节流阀前压力过大且无法调产量时，禁止对气井进行________作业，必要时进行关井清洗。

2. 注意观察节流阀前压力，二级节流前管线承压力不超过________MPa，三级节流前压力不超过20MPa。

A. 20　　B. 25　　C. 30　　D. 40

3. 如何进行节流阀就地手轮操作?

答:

节流阀无法远程开关故障

典型案例

气井生产过程中，经常出现节流阀堵塞，导致无法对节流阀进行远程控制，输入开度后节流阀实际开度不变化。发现堵塞可采用活动节流阀手轮开关，吹扫解堵或清洗解堵，正常后再进行生产。

合规提示

1. 气井开井前对节流阀进行阀位测试，在人机界面给节流阀不同的开度，判断节流阀运行情况。

2. 禁止在生产状态下一次调节节流阀开度幅度大于5%，开关阀门时动作要缓慢，防止管线憋压。

3. 由于“就地自动操作”阀位调节难以准确控制，在生产过程中，除非“远程操作”和“就地手轮操作”失灵，否则不要执行该操作。

4. 现场操作节流阀时，站控室依据二、三级节流阀上下游压力确定二、三级节流阀开度，并与现场人员时刻保持联系。

知识学习

远程操作节流阀时，旋转执行机构上的红色旋钮至远程位置，进入SCADA

系统工程师管理权限，在人机界面上点击节流阀图标，进入节流阀阀位设定对话框，按需求进行阀位设定，并确认。

边学边练

1. 气井开井前对节流阀进行________，在人机界面给节流阀不同的开度，判断节流阀运行情况。

2. 禁止在生产状态下一次调节节流阀开度幅度大于________，开关阀门时动作要缓慢，防止管线憋压。

A. 5%　　B. 20%　　C. 30%　　D. 40%

3. 如何远程操作节流阀？

答：

分酸分离器前后压差过大故障

典型案例

气井生产中，硫沉积造成分酸分离器捕雾网堵塞，分酸分离器进出口压差增大，有时大于1MPa。采取关井对分酸分离器进行正反吹扫方式解堵。

合规提示

1. 分酸分离器运行过程中需要密切监控进出口压力变化，发现堵塞及时处理。

2. 分酸分离器带有入口装置和捕雾网，以增强分离性能。

3. 分酸分离器设计保持出口处的水不超过 $50mg/m^3$，水滴体积不大于100μm。

知识学习

1. 站控室排污时，在人机界面上进行ESD-3级复位，使ESD阀处于打开状态，观察液位下降情况和火炬火焰大小，当液位低于25%时，观察ESDV阀自动关闭，记录排污情况。

2. 手动排污时，在人机界面对液位进行超驰，关闭ESD阀，现场手动打开ESD旁通手动球阀，注意观察火炬火焰颜色和气流声响变化情况，若火炬火焰突蓝或有气流声音通过时关闭手动放空，记录排污情况。

边学边练

1. 分酸分离器运行过程中需要密切监控进出口压力变化，发现堵塞________。

2. 分酸分离器带有入口装置和________，以增强分离性能。

A. 捕雾网　　B. 分离网

C. 塔板　　D. 以上都对

3. 如何进行手动排污操作？

答：

收球筒旁通球阀堵塞故障

典型案例

某次批处理时，收球筒旁通球阀内漏形成水合物堵塞。在切换收球筒流程时，酸气无法进入收球筒，采用锅炉车对收球筒旁通球阀和管线进行加热解堵。

合规提示

1. 水合物在井口节流阀或地面管线中生成时，会使下游压力降低，严重时堵死管线，造成供气中断或引起上游设备因超压破裂。

2. 进行批处理切换流程时要缓慢操作，观察进球筒流程如果发生堵塞，停止操作，待解堵完成后再进行流程切换。

知识学习

加热解堵法是在已形成水合物的局部管段，利用热(热水、蒸汽等)加热天然气，提高气流温度，破坏天然气水合物的形成条件，使已形成的水合物分解并被气流带走，从而解除水合物在局部管段上的堵塞。

边学边练

1. 水合物在井口节流阀或地面管线中生成时，会使下游压力降低，严重时堵死管线，造成________或引起上游设备因超压破裂。

2. 进行批处理切换流程时要________操作，观察进球筒流程，如果发生堵塞，________操作，待解堵完成后再进行流程切换。

A. 缓慢 停止　　　　B. 缓慢 继续

C. 快速 停止　　　　D. 快速 继续

3. 什么是加热解堵法？

答：

站场流程切换憋压关断

典型案例

集气站加热炉出口单流阀堵塞，切换计量、外输流程关闭 XV 后，发生加热炉出口压力升高，引起加热炉自锁关断，采取用锅炉车对加热炉出口管线进行解堵，对加热炉出口单流阀进行拆卸清洗。

合规提示

1. 加热炉出口酸气管线有两条流程，一条去计量分离器；另一条直接去外输，如果一条流程长时间停用，会发生硫沉积堵塞。

2. 切换流程时，先将加热炉出口另一个 XV 全部打开，观察压力、流量、差压等参数变化，确定流程畅通后再关闭其中一个 XV。

知识学习

单井计量采用轮换计量方式，单井来气经过节流调压后，经切换阀进入计量汇管，再进入计量分离器，分离成气液两相，分别计量后，液体排入酸流缓冲罐，天然气汇入外输管线统一计量后外输。

边学边练

1. 加热炉出口酸气管线有两条流程，一条去计量分离器，另一条________，如果一条流程长时间停用，会发生硫沉积堵塞。

2. 切换流程时，先将加热炉出口另一个 XV 全部打开，观察________、________、________等参数变化，确定流程畅通后再关闭其中一个 XV。

A. 压力、流量、差压　　　　B. 压力、流量、液位

C. 压力、液位、差压　　　　D. 液位、流量、差压

3. 如何进行单井轮换计量？

答：

大湾 402-3#加热炉自动停炉故障

典型案例

2014 年 12 月 9 日 21：30，大湾 402-3#加热炉突然熄炉，现场手动启动无反应，停止、复位按钮均能正常操作。报警信息如下：BAD T. C. PROBE CONNECTION，根据报警提示判断为热电偶故障或者热电偶连接线路故障，检查线路正常，将点火头从炉腔中取出，将热电偶拆卸下来检查，用万用表通断档测试，发现热电偶不通，更换新热电偶后，对 BMS 进行复位，报警信息消除，BMS 运行正常。

合规提示

加热炉投用前应确认加热炉各阀门状态、控制柜及节流阀供电正常、控制面板参数除 UA210 之外无报警信号、液位在 45%~85%、压力表及压力变送器隔断阀打开、放空阀关闭，站控系统压力、温度、液位及阀位状态与现场相符、高级孔板阀计量系统处于投用状态、仪表风进加热炉 ESDV 的压力稳定在 550kPa 左右、燃料气进气压力在 100~120kPa，长明灯供气压力稳定在 40~50kPa。

知识学习

加热炉启动程序：预吹扫 30s—长明火点火—火焰检测过程（约 2min，*TC* 值

≈28mV)ESDV 阀打开，待烟囱温度达到 100℃后，手动缓慢打开主球阀。如果长明灯未点着或熄灭，系统会自动反应，自动尝试重新点燃长明灯三次。如果在设定时间内，长明灯无法重新点燃，长明灯的电磁阀关闭，自动切断燃料气的供应。

边学边练

1. 加热炉投用前应确认液位在________。

2. 加热炉投用前应确认仪表风进加热炉 ESDV 的压力稳定在 550kPa 左右、燃料气进气压力在 100~120kPa，长明灯供气压力稳定在________kPa 之间。

A. 40~50　　B. 50~120　　C. 80~120　　D. 100~120

3. 加热炉启动程序怎样?

答：

大湾 404 集气站火炬点火系统故障

典型案例

2015 年 6 月 29 日，大湾 404 集气站火炬点火出现火炬点火系统故障。火炬点火系统可能出现问题部件包括：温度控制器、热电偶、高压包、电火电缆、点火棒。通过检查、检测发现 2 套高压包故障后进行更换，对 4 根点火电缆测试，发现电缆绝缘失效进行更换，进行点火测试发现点火棒故障更换点火组件后，火炬点火成功。

合规提示

火炬点火过程：长明灯管线送气，将压力调至 100kPa 左右，火炬点火控制盘送电，将点火方式打至自动模式，热电偶检测到火炬处于熄灭状态，将信号传至温度控制器，温度控制器检测到信号后给高压包发出点火命令，点火棒接受高压后发出电火花进行点火，热电偶检测到火焰后将信号传至温度控制器，温度控制器停止给高压包发出点火命令，控制盘点火失败指示灯熄灭，同时热电偶将信号存在站控室，火炬画面停止闪烁。

知识学习

点火系统采用 HEI 电火花点火方式，每座集气站安装 1 套点火系统，点火系统采用冗余方式，配套有 2 根点火棒、2 套高压包、2 个温度控制器、2 根热电偶。其中点火棒发出电火花进行点火，高压包负责提供高压输出，高压通过电缆传至点火棒，热电偶主要检测火炬是否燃烧，温度控制器负责控制高压包进行自动点火，当热电偶检测到火炬熄灭，并将该信号传至温度控制器内，温度控制器控制高压包发出高压进行点火。同时热电偶也将火炬燃烧信号传至站控室，当一组热电偶检查到火炬熄灭，站控室人机界面就是显示火炬画面闪烁，提示报警。

边学边练

1. 长明灯管线送气，将压力调至________ kPa 左右。

2. 热电偶检测到火焰后将信号传至温度控制器，________控制器停止给高压包发出点火命令，控制盘点火失败指示灯熄灭，同时热电偶将信号存在站控室，火炬画面停止闪烁。

A. 温度　　B. 压力

C. 流量　　D. 以上都对

3. 集气站火炬点火系统怎样？

答：

大湾 $1^{\#}$ 阀室压力传感器渗漏故障

典型案例

2015 年 6 月 2 日 8：44，大湾 D401 1#阀室 BV 阀压力传感器与引压管丝扣连接处有轻微渗漏，控制球阀内漏严重，无法进行对压力传感器进行拆卸后重新安装。临时采取每天上午、下午对该渗漏点进行验漏，填写验漏记录、渗漏情况，并将渗漏情况上报到区调度室。保持阀池机柜间风扇 24h 开启，在该点悬挂重点安全隐患标识牌。2015 年 6 月 6 日，大湾 401-总站批处理完成以后，大湾支线全线关井，关闭 D401 过站 ESDV 及球阀，关闭 4#线进总站 ESDV 及球阀，从 D401 外输管线及 4#线进总站管线进行放空。20：25 管线压力降至 0MPa，施工人员按照施工实施步骤进行拆卸安装变送器，20：35 施工完成，21：35 充压验漏合格。

合规提示

1. 手动球阀开阀操作：逆时针方向旋转手轮（手柄）使阀杆旋转 90°，指示器箭头方向与管道走向平行。

2. 手动球阀关阀操作：顺时针方向旋转手轮（手柄）使阀杆旋转 90°，指示器箭头方向与管道走向垂直。

知识学习

阀室管理要做到三不漏工艺设备及流程不漏酸性天然气、不漏返输燃料气、不漏电。具体要求是：法兰、接头、盘根严密，设备管线固定牢固，试压合格。电气设备不得有外层残缺和漏电现象，站场防雷接地保护好。所有设备、仪表内外防腐良好，无锈蚀和防腐层脱落。

边学边练

1. 手动球阀开阀操作：逆时针方向旋转手轮(手柄)使阀杆旋转________，指示器箭头方向与管道走向平行。

2. 手动球阀关阀操作：顺时针方向旋转手轮(手柄)使阀杆旋转 90°，指示器箭头方向与管道走向________。

A. 平行　　B. 垂直

C. 45°　　D. 以上都对

3. 阀室管理“三不漏”指的是什么？

答：

大湾 403 集气站 $1^{\#}$ 加热炉熄火故障

典型案例

2015 年 6 月 28 日，大湾 403 集气站 $1^{\#}$ 加热炉出现熄火故障。加热炉控制面板报警信息为“TC probe connection alarm”。通过对热电偶测量显示正常，对表面积碳进行清理，调整长明火进气压力，发现长明火燃料气进气口内有杂物管道堵塞，清理后恢复安装，启动加热炉运行正常。

合规提示

1. 加热炉启动出现故障，要检查加热炉现场控制面板的报警信息，有助于迅速准确的排查故障原因。

2. 加热炉故障要认真观察火焰颜色，电离检测的电压跳动规律，燃料气的压力和空气配比要调整好。

知识学习

TC probe connection alarm 报警信息主要有以下原因：热电偶损坏，断偶，热电偶连接线断线或接触不良，热电偶温度突然降低，导致系统误判。

边学边练

1. 加热炉启动出现故障，要检查加热炉现场______ 的报警信息，有助于迅速准确的排查故障原因。

2. 加热炉故障要认真观察火焰________，电离检测的电压跳动规律，燃料气________，空气配比要调整好。

A. 颜色 压力　　　　B. 压力 颜色

C. 压力 温度　　　　D. 以上都对

3. “TC probe connection alarm”主要有哪些原因?

答:

M5023 站“12.18”异常关断

典型案例

2015 年 12 月 18 日 9：20，维保人员对 502-1 井高低压限位阀根部阀采取热水喷淋泄压解堵，站场未打 ESD-4 关断超驰，导致井口压力低低报警引起 M502-1 井 ESD-4 关断。11：17 值班人员在人机界面进行 ESD-4 关断复位操作失误，站场发生 ESD-3 关断，复位后，12：30M502-1 井开井。

在进行 ESD-3 关断复位时，燃料气 ESDV 复位未成功，仪表风缓冲罐压力不足，导致过站 ESDV 关闭，造成 12：20M503-1 井和 M503-2H 井加热炉二、三级节流阀超压自锁。值班人员手动打开燃料气 ESDV，导通燃料气，仪表风压力恢复正常，12：40 过站 ESDV 打开，M503-1 井和 M503-2H 井加热炉二、三级节流阀复位成功，恢复正常。

合规提示

1. 进行高低压限位阀根部阀解堵时，一定要对井口压力低低报警打超驰。

2. 如果加热炉进口压力高于 19MPa，将三节流阀打到就地状态，手动将该阀开一定开度，待压力低于 19MPa 后，将该节流阀打到远程控制状态。

3. 打开地面安全阀之前，先将井口 9 号、11 号闸阀和笼套式节流阀关闭。

知识学习

三级关断复位操作程序：(1)查找 ESD-3 级关断触发源或原因；(2)检查现场地面、井下安全阀处于关闭状态，加热炉处于 ESD 停炉状态；(3)检查现场流程压力；(4)向调度汇报关断故障原因、时间；(5)对站控人机界面 ESD-3 级关断界面进行三级关断复位；(6)关闭井口 11 号闸阀和笼套式节流阀；(7)启动加热炉；(8)打开地面、井下安全阀；(9)表确认流程导通；(10)开井。

边学边练

1. 进行高低压限位阀根部阀解堵时，一定要对井口压力低低报警打________；

2. 打开地面安全阀之前，先将井口________号、________号闸阀和笼套式节流阀关闭；

A. 9　11　　　　B. 10　12

C. 7　8　　　　D. 以上都对

3. 如何进行三级关断复位操作？

答：